建设部、人事部、国家文物局联合资助项目

王瑞珠 编著

世界建筑史

东南亚古代卷

·下册·

中国建筑工业出版社

审图号：GS（2021）2210号

图书在版编目（CIP）数据

世界建筑史. 2，东南亚古代卷 / 王瑞珠编著. —
北京：中国建筑工业出版社，2021.6
ISBN 978-7-112-25563-4

I. ①世… II. ①王… III. ①建筑史—世界②建筑史
—东南亚—古代 IV. ①TU-091

中国版本图书馆CIP数据核字（2020）第190499号

第三章 缅甸

第一节 导论

一、历史、文化及宗教背景

缅甸最早的居民据信是孟族人和骠族人。由后者创建的骠国（Pyu Kingdom）实际上是自公元前2世纪到公元1050年左右一组城邦国家的总称。9世纪期间，一批藏人（Tibetan）自原住地南下进入缅甸北部并控制了皎施和蒲甘两个地区，前者因盛产大米在经济上举足轻重，后者则因其所处的战略地位、自然道路网络和商业潜力而具有重要意义。

9世纪中叶，缅族人创建的蒲甘王国（Pagan

图3-1蒲甘 遗址区。自瑞山陀塔上望去的景色

本页及左页：

（左上）图3-2蒲甘 遗址区。自热气球上拍摄的俯视景色

（右上及下）图3-3蒲甘 遗址区。自火熄山寺望去的景色（全景及局部）

Kingdom，849~1297年）是第一个统一缅甸地区的国家。首府蒲甘位于曼德勒西南145公里、伊洛瓦底江西岸与钦敦江汇合处，据传为105年骠人建的小城，具有比王国更为悠久的历史。847年，蒲甘王国开国君主披因比亚在此修建城寨，大兴土木，使蒲甘逐渐发展成为大城市和一国之都。

此后一个多世纪，缅族人力量不断壮大。1044年，阿奴律陀（1015~1077年，1044~1077年在位）即位后积极向外扩张，1057年南征，攻真腊、罗斛，灭直通王国，约1064年完成统一大业，将领土扩展到现国家的大部分地区。此前，蒲甘地区民众信奉与藏传佛教有一定渊源的密教支派阿利僧教派（Ari），同时流行的还有骠国留传下来的婆罗门教。为消除阿利僧教派对王权的威胁，阿努律陀引进孟族的上座部佛教（小乘佛教）并立为国教，以孟族僧人善阿罗汉（1034~1115年）长老为国师，都城蒲甘遂成为佛教

传播的中心，城市里开始建造包括瑞喜宫塔（见图3-201~3-207）在内的大量佛塔。随着孟族匠人迁往缅甸中部和北部，其建筑风格也开始更多地受到孟族的影响（蒲甘是入侵期间孟族战俘集中的地方，他们的存在同样在这方面起到了促进的作用）。阿努律陀还用三年的时间开凿皎施运河，以利灌溉。

1077年阿努律陀被野牛撞死，太子修罗继位。修罗出兵讨伐孟族耶曼干，在庇固地区的叛乱中被俘。蒲甘王国大将江喜陀逃回蒲甘，后打败耶曼干，继承蒲甘王位。江喜陀在位28年期间，蒲甘王国的经济、文化都有很大发展，建立了很多佛寺及佛塔，包括著名的阿难陀寺（落成时由江喜陀亲自主持开光典礼）。

在江喜陀（亦作康瑟达，1041~1113年，1084~1113年在位）统治期间，开始了建筑史上的一个新的辉煌时代。新国王的宽容政策使不同的宗教可同时并存。

在他的继承人统治下，开始形成了一种真正的缅甸风格并风行了两个世纪。12世纪末，蒲甘和锡兰之间的一场战争客观上促进了两国文化和宗教的交流及联系。缅甸的佛教及其建筑开始更多地受锡兰小乘佛教的影响（特别表现在窣堵坡上）。可能正是在这时期，密教[1]亦开始传入蒲甘。

1287年，元世祖忽必烈率军入侵缅甸，夺取都城，缅甸王朝灭亡。此后直到15和16世纪，当政治环境更有利于新王朝的兴起时，艺术才再次得到复兴。如在缅甸西北兴起的谬乌王国（1429~1785年）的都城谬乌。

和印度支那的其他国家相比，缅甸艺术更多地受到印度文化的影响。印度化的第一个确凿的证据是5~6世纪刻有巴利文佛经的金叶残片。和大乘佛教及小乘佛教一起，印度人同样将印度教引进缅甸。但在该地区的历史上，只有前者才保持了重要的地位。

本页及左页：

（左上）图3-4蒲甘 遗址区。自火熄山寺望瑞山陀塔及达马扬基庙

（右上）图3-5蒲甘 遗址区。自达马亚齐卡塔庙上望去的景色

（下）图3-6蒲甘 遗址区。北部平原部分遗迹

本页：
（上下两幅）图3-7蒲甘 遗址区。其他角度拍摄的遗址景观

右页：
图3-8缅甸 宗教建筑屋顶类型（手稿图，绘于黑纸基上，现存仰光Beik Thano Gallery）

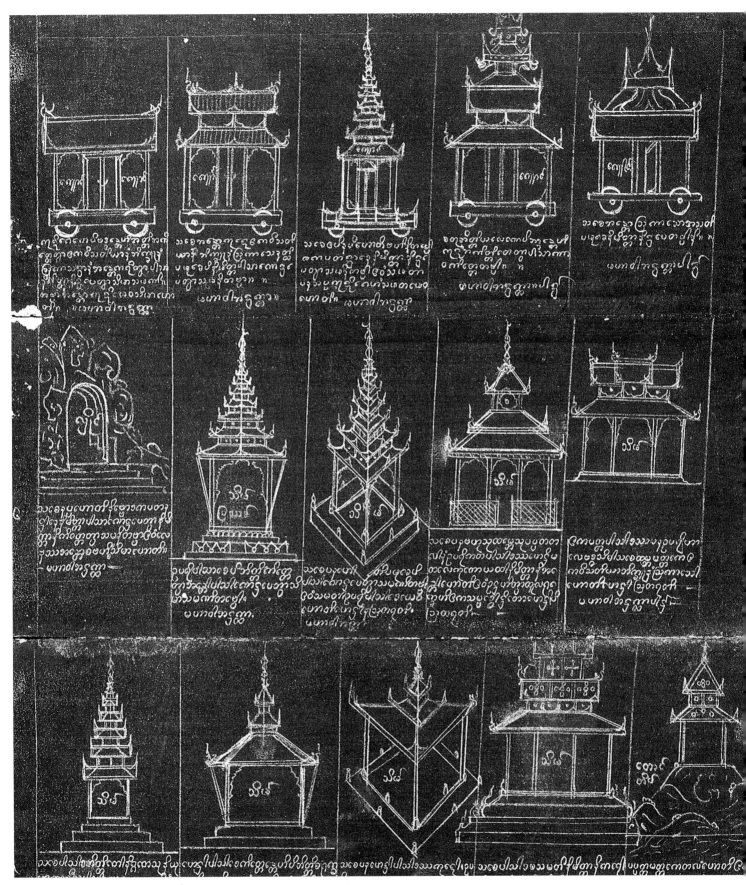

　　由于早期和印度南部地区的贸易往来，下缅甸的孟族人早年曾信奉婆罗门教和佛教，直到3~4世纪才逐渐被小乘佛教取代，因而孟族的小乘佛教中不可避免地掺有婆罗门教的成分。光线昏暗、气氛神秘的祠庙显然是来自印度教祠庙的"胎室"。

　　为了进一步巩固王权并使之合法化，蒲甘君主们同样按婆罗门典籍将自己神化，并将印度教大神毗湿奴作为佛陀的保护者引入佛教。蒲甘王国的宗教并不是单纯的小乘佛教，而是混合了许多婆罗门教、印度教的要素，这些都在建筑艺术上有所反映。

此外，缅甸本土的神灵崇拜[纳特（Nath）崇拜，Nath-"偶像、神"]在蒲甘也有着广泛的影响。它本是来自东南亚古代的万物有灵论和亡灵崇拜。实际上，早在11世纪，阿奴律陀就在著名的瑞喜宫塔内安置了37个纳特，把超自然的崇拜与佛教结合起来。

二、建筑分期及类型

通过对缅甸艺术和建筑的深入研究，人们已可大致追溯其几个世纪的发展历程并尝试对其风格及学派进行分类。

巴尼斯特·弗莱彻将缅甸建筑的发展分为四个主要历史阶段，即前蒲甘时期（Pre-Pagan Period，公元前1世纪~公元8世纪）、蒲甘时期（Pagan Period，9~13世纪）、后蒲甘时期（Post-Pagan Period，14~17世纪）和仰光-曼德勒时期（Rangoon-Mandalay Period，18~19世纪）[2]。但早期留存下来并值得注意的建筑很少，所谓前蒲甘时期主要涉及骠国的城邦及其建筑。现存重要建筑古迹大多数属蒲甘时期和后蒲甘时期（9~17世纪）。只是这一阶段的世俗建筑因采用不耐久的材料，大多无迹可寻，留存下来的大量优秀建筑和古迹均属宗教性质（包括宫殿在内的世俗建筑遗存主要属最后的仰光-曼德勒时期）。在蒲甘时期，据称在都城范围内有5000座窣堵坡和神庙（图3-1~3-7）。直到后蒲甘时期，和政治形势相应，建筑才开始衰退。

在缅甸建筑的分类上，相关专家们提出了各种体系。有的（如德贝利）划分出十种建筑类型，有的为九种（如乌卢贝温），还有的（如亨利·帕芒蒂埃和马夏尔）认为只存在两种基本类型，即窣堵坡和用于祭拜或居住的厅堂式建筑，其他均属这两种基本类型的简单变体形式。在本章，我们将主要参照这最后一种分类法。

虽说和东南亚其他地区相比，这里干旱的气候条件更有利于保存艺术作品，但由于战争、抢劫和拙劣的修复，遗存多数已呈残墟状态。除了少数印度教建筑和某些其他属大乘佛教的建筑外，这时期所有的建筑均属来自锡兰的上座部佛教（小乘佛教）。在中国建筑影响下出现的所谓"宝塔"风格，更成为17~19世纪其建筑的主要特色。实际上，在缅甸，所有建筑，不论其实际功能如何，结构和外观上均按类似的方式处理。各种形式的屋顶成为建筑构图的主要元素（图3-8）。追求丰富和华丽，在建筑中大量使用木雕、漆器和镀金部件，更是缅甸艺术的典型表现。从本质上看这是一种民俗艺术，充分表现出各民族的想象力、活力和娴熟的技艺。由于缺乏充分的证据追溯这一地区艺术的细节表现，基于宜粗不宜细的原则，下面我们将从建筑技术及类型特色入手，重点考察那些有重要实例留存下来的主要类型和次级类型。

第二节 宗教建筑

一、骠国时期（早期）

骠国（约公元前2世纪~公元1050年）是缅甸有文字可考的最早国家，也是在东南亚地区最早引入印度婆罗门教、佛教的国家之一。其历史大致可分为两个时期，前期（繁荣于公元1~5世纪）以城邦国家毗湿奴城（贝格达诺）为中心，后期（6~9世纪）以《大唐西域记》所称室利差咀罗为国都。

已发掘的骠国遗址包括五座带城墙的主要城市及若干较小的城市。其中北方的哈林、中部的毗湿奴城和南方的室利差咀罗三座城市于2014年被认定为联合国教科文组织世界文化遗产项目。

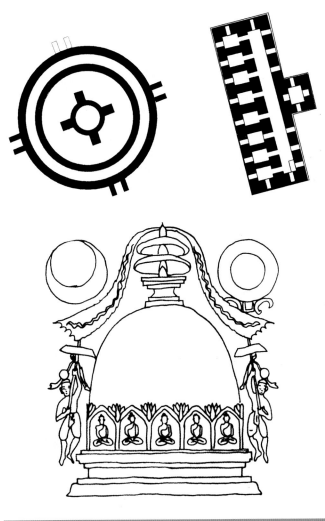

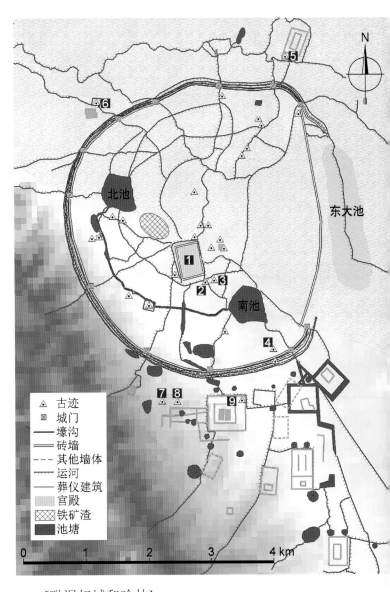

[毗湿奴城和哈林]

在上述三座城市中，位于中部的毗湿奴城可能是最早的一座，同时也是东南亚最古老的城市之一，至少在公元1世纪时已存在，到公元1~5世纪臻于繁荣。城市尚存砖构城墙及城门遗址，城墙近似菱形，边长约2英里。庞大的城堡位于高出海平面约330英尺

（左上）图3-9毗湿奴城 佛塔（左）及僧舍（右）平面

（右）图3-10室利差呾罗 古城。总平面图，图中：1、宫殿；2、西泽古祠庙；3、东泽古祠庙；4、金巴寺；5、巴亚马窄堵坡；6、巴亚枝窄堵坡；7、包包枝窄堵坡；8、贝贝祠庙；9、莱梅德纳祠庙

（左中）图3-11卑谬（卑蔑） 石刻窄堵坡形象

（左下）图3-12室利差呾罗 巴亚马窄堵坡。南侧远景

的高地上，俯瞰着周围的平原、河流和湖泊。沉重的墙体由大块焙烧砖砌筑。北面及南面城墙保存较好，宽大的城门稍向内弯。作为骠人建造的早期佛教中心，城内发现了一些窣堵坡和寺院（毗诃罗）遗迹（图3-9）。考古学家认定的寺院是座位于城内长宽分别为30.5米和10.67米的砖构建筑，有八个朝向长廊状大厅的小室（小室颇似印度南方的寺院）。寺院旁边有一仅存基础的窣堵坡，是公元1~4世纪的遗存。塔基呈圆形，配有两道同心的挡土墙，颇似同期印度南部阿玛拉瓦蒂窣堵坡的塔基，显然是以这时期印度南部的窣堵坡为范本。

在毗湿奴城遗址挖掘出大量带海螺及波纹等图形的古钱，海螺和水纹都是象征婆罗门大神毗湿奴的图案，表明骠国毗湿奴时期婆罗门教的兴盛。与此同时，佛教也被引入毗湿奴城。

北方的哈林（位于瑞波附近）创建于公元1世

本页：

（左）图3-13室利差呾罗 巴亚马窣堵坡。现状全景

（右上）图3-14室利差呾罗 巴亚枝窣堵坡。现状全景

（右下）图3-15室利差呾罗 巴亚枝窣堵坡。入口侧近景

右页：

图3-16室利差呾罗 包包枝窣堵坡。西北侧全景

纪，直到7或8世纪，其地位被南方的室利差呾罗取代之前，一直是最大和最重要的城市。在这里，最早的发掘始于1904年，断断续续直到2012年。在老城及瑞古枝塔附近，一共发掘出33座古丘，包括宫堡、工场、窣堵坡、城墙及水工结构等残迹。矩形城市面积541.4公顷，配有12座城门。

[室利差呾罗]

位于今缅甸伊洛瓦底江下游卑谬（今卑蔑）东南8公里处的室利差呾罗意为"幸运之地"或"荣耀之地"，为骠国后期（5~10世纪）都城，是文献记载当时骠国最大的城市和最具有影响力的中心，也是吴哥之前东南亚最大的城市。

（左上）图3-17室利差呾罗 贝贝祠庙（支提堂）。地段形势

（左中）图3-18室利差呾罗 贝贝祠庙。现状全景

（右中）图3-19室利差呾罗 莱梅德纳祠庙（支提堂）。外景（加固前）

（下）图3-20室利差呾罗莱梅德纳祠庙。现状

（上）图3-21室利差呾罗 东
泽古祠庙（支提堂）。远景

（下）图3-22室利差呾罗 东
泽古祠庙。近景

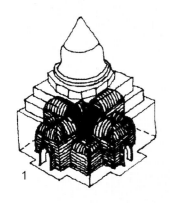
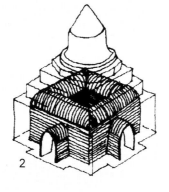

1　　　　　2

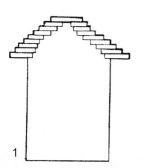

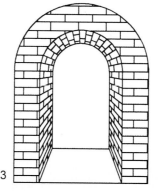
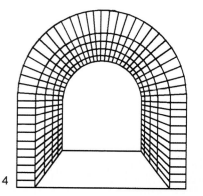

1　　　　　2　　　　　3　　　　　4

左页:

（左上）图3-23室利差呾罗 巴亚丹祠庙。外景（清理前，入口面景色）

（左中上）图3-24室利差呾罗 巴亚丹祠庙。外景（现状，背面景观）

（下）图3-25蒲甘 拱券及拱顶技术：1、叠涩拱；2、丁头（或宽面）朝外，陡砌；3、顺砖平砌，半圆拱；4、顺砖陡砌，半圆拱

（右上）图3-26蒲甘 达宾纽庙。外景

（右中）图3-27蒲甘 达宾纽庙。拱券及雕饰细部

（左中下）图3-28蒲甘 高拱顶的运用：1、用于内祠；2、用于回廊

据新近考察，砖构城墙所围面积为1857公顷（比哈林约大两倍），另有面积相等的城外地区。城市最突出的特色是具有圆形的平面（北面、南面及西面为近似半圆形的城墙）。据《新唐书·骠国传》记载，室利差呾罗城"青甓为圆城，周百六十里。有十二门，四隅作浮图，民皆居中，铅锡为瓦，荔支为材……"城墙外设壕沟，城门边布置祠堂及其他建筑（图3-10）。

遗址考古挖掘中发现的婆罗门教偶像表明，这时期婆罗门教已得到很人发展。同时还发现了数以千计的佛像砖，说明当时佛教信仰在骠人中也很普及。

现城墙西北、北部和正南方分别有巴亚枝、巴亚马、包包枝等三座窣堵坡（佛塔），都是用加入米糠的大型砖砌筑而成。

从外形上看，骠国的窣堵坡大致有三种形式。在卑谬石刻中可看到一种覆钵呈拉长圆丘状的窣堵

本页:

（上）图3-29蒲甘 阿贝亚达纳寺（约11世纪）。外景现状

（下）图3-30蒲甘 阿贝亚达纳寺。壁画（菩萨）

（上）图3-31蒲甘 火熄山寺。立面全景

（中）图3-32蒲甘 藏经楼。外景（于方形基座上起金字塔式上部结构）

（左下）图3-33蒲甘 实心支提堂平面

（右下）图3-34蒲甘 空心支提堂平面

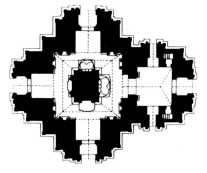
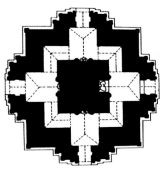
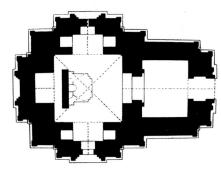
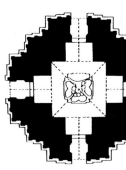

坡（图3-11），立在单层基台（须弥台）上，覆钵下部设佛龛，塔顶由平台、竖杆和伞盖组成。这种形制年代较早，与3世纪左右印度阿玛拉瓦蒂窣堵坡风格类似。第二种是钟形（窝头形）窣堵坡，以巴亚马、巴亚枝窣堵坡为代表（巴亚马窣堵坡：图3-12、3-13；巴亚枝窣堵坡：图3-14、3-15）。前者位于城墙北面，建于4~7世纪期间，是骠国中期第一座窣堵坡。据编年史记载，系由国王杜达邦为收藏佛陀遗骨

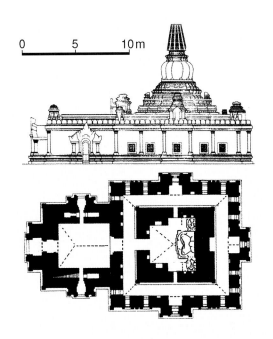

（左上）图3-35蒲甘巴多达妙寺（可能为10世纪后期）。平面及立面

（右上）图3-36蒲甘巴多达妙寺。地段形势

（下）图3-37蒲甘巴多达妙寺。近景（右侧远处为瑞古基庙）

（左上）图3-38蒲甘 巴多达妙寺。回廊壁画

（下）图3-39蒲甘 巴多达妙寺。自回廊通向内祠的入口

（右上）图3-40蒲甘 巴多达妙寺。内祠边侧佛像

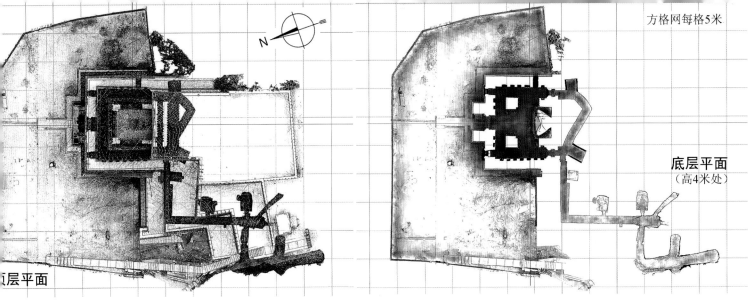

方格网每格5米

底层平面
（高4米处）

顶层平面

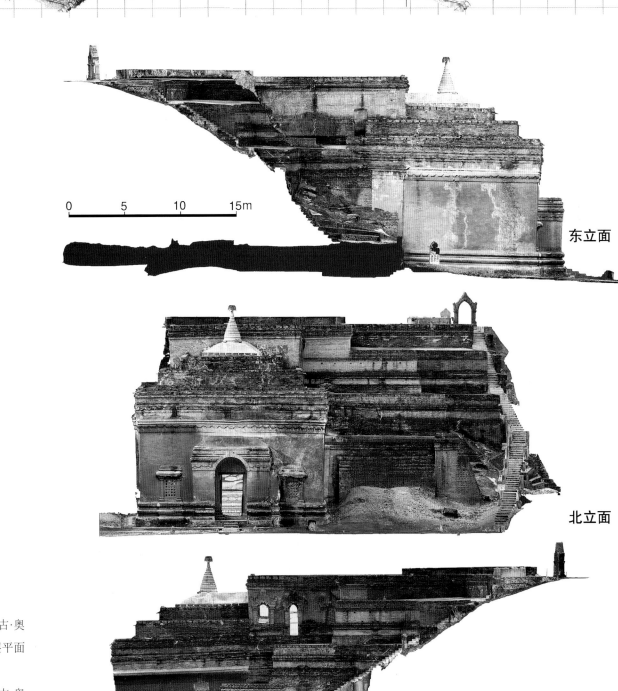

东立面

北立面

西立面

0　　　5　　　10　　　15m

（上）图3-41蒲甘 觉古·奥
恩敏寺。底层与顶层平面

（下）图3-42蒲甘 觉古·奥
恩敏寺。各向立面

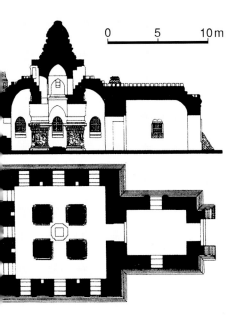

(右)图3-45蒲甘 觉古·奥恩敏寺。尖塔近景

(左)图3-47蒲甘 难巴亚寺。平面及剖面

而建，由砖和石灰砂浆砌造，位于四个逐层内收的基台上。基台平面八边形（巴亚枝窣堵坡为圆形）。高耸的圆锥形塔身可能配有城市早期的浮雕。其他这类窣堵坡既无装饰，亦无线脚，顶上不设平台，直接立塔刹，这也是骠国中后期的主要形式。第三种塔身为圆锥形，以位于城墙南面的包包枝窣堵坡为代表（图

3-16）。这是一座位于圆形基台上的钟形砖构建筑。基台五层（地面以上三层，地下两层），逐层内收；近似圆柱形的塔身直达45.9米高度，顶部为扁平的圆锥形，其上直接立伞盖（这也是骠国及缅甸文化特有的造型元素）。其外观颇似印度鹿野苑的昙麦克塔（两者可能同一时期）。不过，总的来看，这种形式

左页：

（上）图3-46蒲甘 觉
古·奥恩敏寺。内景（拱
券均用构架进行了加固）

（下）图3-48蒲甘 难巴亚
寺。现状外景

本页：

（上）图3-49蒲甘 难巴亚
寺。窗饰细部

（下）图3-50蒲甘 难巴亚
寺。内景（内祠中央仅留
空基座，角上四个巨大柱
墩上的雕像通常被认为是
四面梵天，但由于中央基
座上原来很可能是立佛
像，因而周围柱墩上也可
能雕的是菩萨）

在东南亚非常少见，可能是融入了缅甸本土要素的结果。另一个特殊表现是，和传统的实心窣堵坡不同，其内部是空的，并配有一个入口。

早期的圆锥形或圆柱形窣堵坡与印度桑吉大塔所代表的原始窣堵坡显然不同，与圆顶的阿玛拉蒂窣堵坡也有所区别，且覆钵顶部不设平台。这些都反映了外来文化和本土要素相互融汇和结合的过程，也为人们的断代提供了某些线索。从以上窣堵坡的形制判断，骠国的窣堵坡可说是经历了几个发展阶段：以桑吉窣堵坡为代表的原始窣堵坡、见于石刻的拉长圆丘

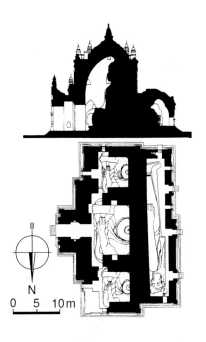
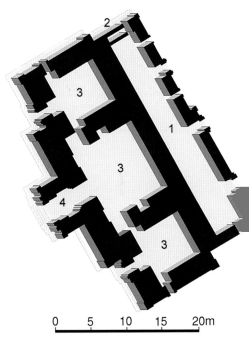

状窣堵坡、以巴亚枝和巴亚马窣堵坡为代表的圆锥形窣堵坡和以包包枝窣堵坡为代表的圆柱形窣堵坡（后者为蒲甘王朝所继承）[3]。

城墙内南侧的金巴丘为一古代窣堵坡和重要的早期考古遗址。1926~1927年在这里进行了首次发掘，出土了包括早期陶板和石浮雕在内的总共500多件遗存，其中很多都在博物馆内展出。此外，室利差呾罗城内尚存建于7~8世纪的几座拱形屋顶祠庙：贝贝祠庙（图3-17、3-18）、莱梅德纳祠庙（图3-19、

3-20）、东泽古祠庙（图3-21、3-22），以及在形制上与之类似的巴亚丹祠庙（图3-23、3-24）。

贝贝祠庙和东泽古祠庙均以中空的小室作为内祠（东泽古主室矩形，长宽分别为8.2米及7.3米）；入口为半圆形券门并设壁柱，其他三面或设假门（贝贝祠庙），或辟壁龛（东泽古祠庙）；屋顶于阶梯状金字塔上起圆柱形顶塔（东泽古祠庙顶部已毁）。这种形制构成日后蒲甘小型寺庙的范本。莱梅德纳祠庙平面为边长7米的方形，殿身四面辟拱门；内祠中央为

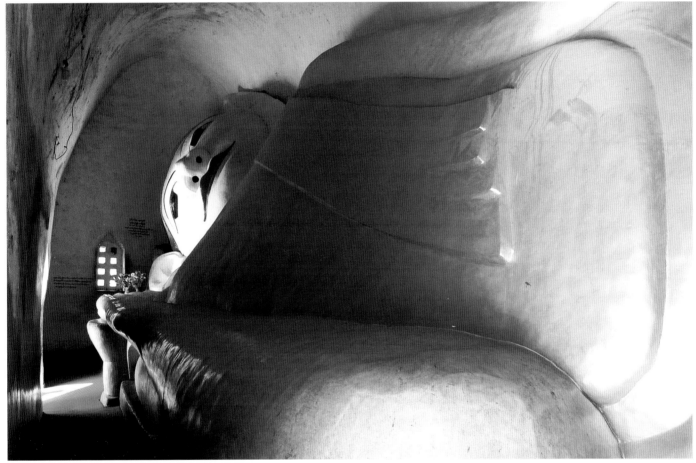

四面有佛像的方形实体，其外绕拱顶回廊；屋顶由三层阶梯状的金字塔组成，其上沉重的顶塔支撑在内祠中央的方形实体上（现已无存）。这种形式构成了蒲甘中等及大型寺庙的原型。

二、蒲甘时期（成型期）

[结构及装饰技术]

使用肋券拱顶覆盖室内空间是蒲甘建筑的一个重要成就，也是这一地区建筑结构的一个典型特征（密

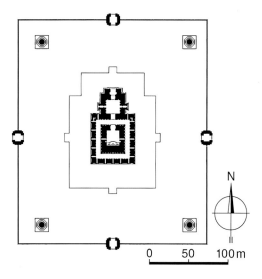

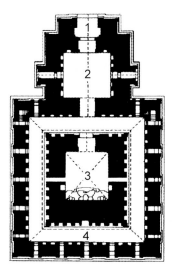

排扁平拱券，可借助连接部件省略模板）。所用材
料，除了某些小型石构建筑外，一般均用砖砌。在这
里，这种建筑体系和技术很早就臻于成熟。它们可能
是承自缅甸骠族人的技术（室利差呾罗时期留存下来
的骠国祠庙中就用了拱顶），也可能来自印度或锡兰
（两地均有建于6~7世纪的拱顶祠庙），抑或是来
自中国。但不论来自何处，这种结构在蒲甘建筑
中得到大量运用，并具有很高的水平则是不争的

事实。

这时期常用的拱有四种类型：半圆拱、平拱（直拱）、尖拱和叠涩拱（图3-25）。叠涩拱并非真正意义上的拱，只能用于较小的跨度（如空间狭窄的胎室、廊道、小窗和龛室等）。对需要较大空间容纳信徒活动的蒲甘佛教建筑来说，在沉重的砖构建筑中采用真券（即以楔形砌块砌筑的拱券）显然是更合宜的选择。在达宾纽庙，可清楚看到采用真券对缅甸建筑

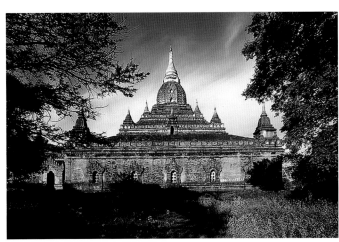

（左上）图3-68蒲甘 那伽永寺。东南侧景色

（左中）图3-69蒲甘 那伽永寺。西侧景观

（右上）图3-70蒲甘 那伽永寺。西北侧全景

（右中）图3-71蒲甘 那伽永寺。顶塔，东侧近景

（下）图3-72蒲甘 那伽永寺。前厅，内景

图3-73蒲甘 那伽永寺。前厅，
通向内祠入口两侧的护卫菩萨

的影响（图3-26、3-27）。此时底层拱券之间宽阔的
壁柱往往可直达连续的檐壁，构成不同寻常的基座，
上部一系列阶台渐次升起，直至中央的实体窣堵坡。

　　用于直角洞口的平拱（直拱）跨度一般不大，即
使在上部砌筑卸荷减压的半圆拱或附加直拱时，最
大跨度也就1.75米。开口较大处多用带楔状砌块的半
圆拱（砖或石砌，或两者混用；还有的几层拱券叠
置）。从结构上看，最合理的当属13世纪流行的水平

推力较小的尖拱（一般与其他类型的拱配合使用，或
层层叠置），如此形成的结构不仅更为稳定坚实，所
覆盖的空间也较大。除这些基本类型外，还可看到半
拱顶乃至3/4拱顶等变体形式。在实际运用中，各类
拱顶往往相互垂直、高低搭配使用，在结构上互为支
撑、抵消推力的同时，创造出丰富的形体和空间效果
（图3-28）。

　　如此形成的寺庙和窣堵坡外貌相当沉重，室内空

（上）图3-74蒲甘 那伽永寺。
内祠，佛像

（左下）图3-75蒲甘 古标基
寺（韦德基因村附近，13世
纪初，1468年重修）。平面

（右下）图3-76蒲甘 古标基
寺。南立面（后修复的塔尖部
分未绘）

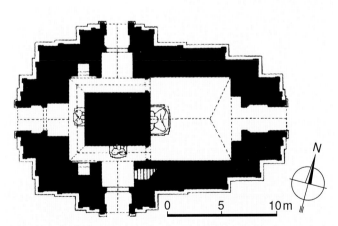

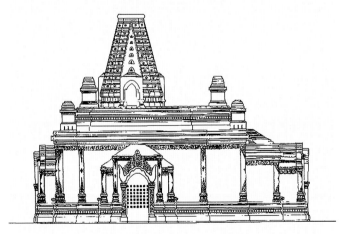

间看上去宛如自岩石中凿出，显示出印度的切凿技术
和岩凿建筑的影响。砖构外往往覆以厚厚的灰泥，上
施雕饰。作为装饰还常用上釉的彩色陶板，建筑内部
则用带雕饰的木板。

[祠庙类型和形制]

在蒲甘，祠庙（支提堂，祈拜厅，Caitya-Grha，
Gu）是用于供奉佛像并为信徒提供礼拜空间的处
所。在缅甸，采取集中式布局的方形祠庙是各处均可

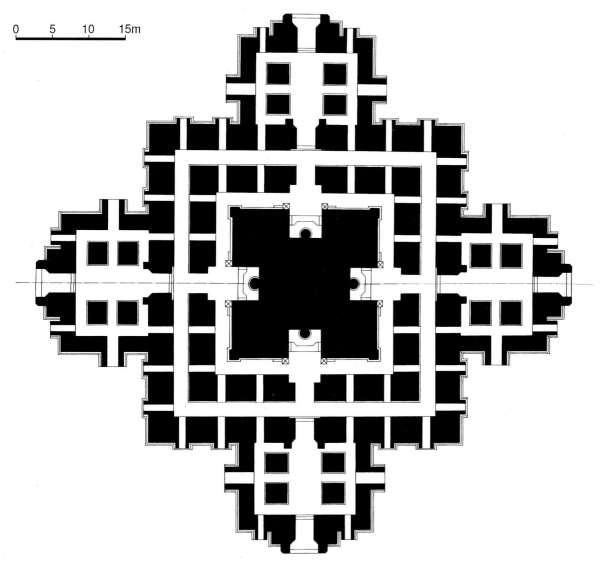

0 5 10 15m

（左上）图3-77蒲甘 古
标基寺。西南侧外景

（右上）图3-78蒲甘 古
标基寺。东侧，入口近景

（下）图3-79蒲甘 阿
难陀寺（1105年）。平
面（取自STIERLIN H.
Comprendre l'Archi-
tecture Universelle, II,
1977年，经改绘）

看到的一种独具特色的宗教建筑类型，可作为古典时
期缅甸建筑的代表。其中各处都采用了砖券和拱顶并
对其外观产生了重要的影响。蒲甘南部的阿贝亚达纳
寺是一座规模较小、相对简单的方形祠庙（可能始建
于11世纪，图3-29、3-30），通向前厅的入口为一道

带有单层券石的拱门。砖构建筑外覆灰泥，角上以壁
柱加固。窗户设计颇具特色：两边设壁柱，上置装饰
性山墙，窗洞装孔眼规则的镂空石板或砖板。位于蒲
甘城南的火熄山寺亦属这种类型，于方形基座上立小
型窣堵坡。其主厅内安置巨大的坐佛像，内部通道极

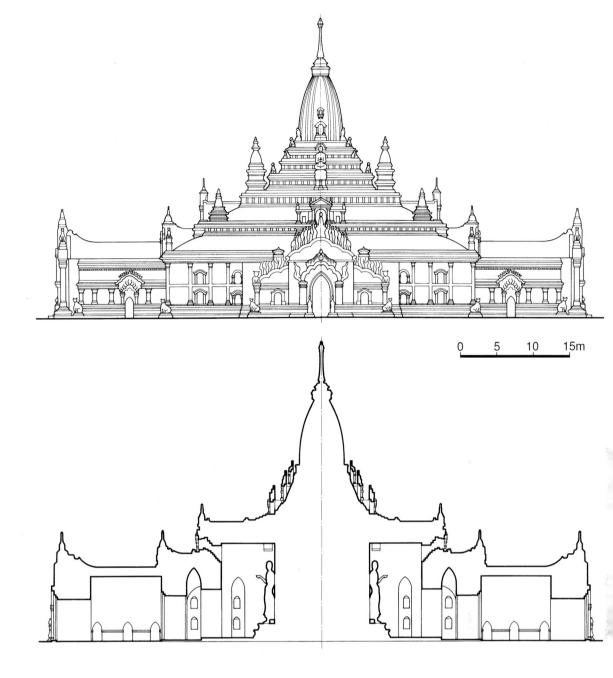

（上）图3-80蒲甘 阿难
陀寺。立面及剖面（取
自STIERLIN H. Com-
prendre l' Architecture
Universelle，II，1977
年，经改绘）

（下）图3-81蒲甘 阿难
陀寺。平面几何分析

0   5   10   15m

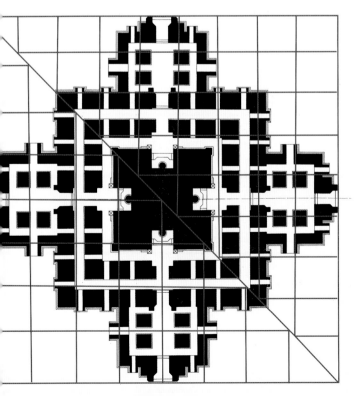

高（图3-31）。这种形式还可用于一些辅助建筑（如
藏经楼，图3-32）

　　这类祠庙核心部分（内祠）的平面可有各种变
化，但不外两种基本形式：一种是以沉重的砖构实体
作为主祠的核心，周围布置狭窄的拱顶通道（作为绕
行仪式用的回廊）、小房间或前厅（通常均对称布
置，可看到一尊或几尊佛像）；另一种是采用中空的
内祠，周以回廊。

　　第一种形式没有印度先例，应是源于本土建筑。
此时基座上的佛像（通常为坐佛）照例背靠实体核
心（或布置在龛室内），面对入口门厅（图3-33）。
核心其他三面或同样安置佛像，或雕与佛陀相关的
故事。鉴于实体核心有利于支撑上部顶塔的重量，
因此这种形式在大型祠庙中得到广泛应用。采用这

本页:
（上下两幅）图3-82蒲甘 阿难陀寺。远景

右页:
（上）图3-83蒲甘 阿难陀寺。地段全景

（下）图3-84蒲甘 阿难陀寺。外景（摄于2010年，最近一次粉刷前）

左页：

（上）图3-85蒲甘 阿难陀寺。现状（摄于2016年，粉刷后）

（下）图3-86蒲甘 阿难陀寺。立面景观

本页：

（上）图3-87蒲甘 阿难陀寺。夜景

（下）图3-88蒲甘 阿难陀寺。塔基近景

种平面的最早实例是建于10世纪的纳德朗寺（见图3-53~3-55）。

第二类祠庙大多以穹顶覆盖内祠空间，外加环绕内祠的围廊。内祠中供奉面向入口的高大坐佛（可靠墙安置，亦可放内祠中央供人们绕行，图3-34）。有的仅在东面设入口，如巴多达妙寺（可能10世纪后期，内部尚有蒲甘最早的壁画遗存，图3-35~3-40），

左页：

（左上及右）图3-89蒲甘
阿难陀寺。墙角石狮

（左下）图3-90蒲甘 阿难
陀寺。门卫像，细部（砖
芯，外施灰泥彩绘）

本页：

（上）图3-91蒲甘 阿难陀
寺。陶板装饰（位于底层
基台三面，图示板块约
45厘米见方，厚10厘米左
右，位于东面，表现行进
的战士）

（下）图3-92蒲甘 阿难陀
寺。廊道内景

本页：
图3-93蒲甘 阿难陀寺。
室内立佛像

右页：
（上）图3-94蒲甘 南古尼
庙。晨曦景色（从北古尼
庙上望去的情景）

（左下）图3-95蒲甘 南古
尼庙。现状全景

（右下）图3-96蒲甘 迪察
瓦达祠庙（11世纪）。外景

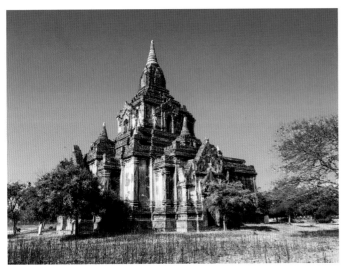

有的四面设门与外部回廊相通（唯东门较大，觉古·奥恩敏寺亦可归入此类，只是因属岩凿类型，表现不那么规范，图3-41~3-46），有的内祠简化为四根方柱，柱间设基台供奉佛像，如难巴亚寺（图3-47~3-51）。后者位于蒲甘以南，是一座魁伟的白色砖构建筑，带有精心设计的层叠屋顶；各面设向外凸出且装饰丰富的入口门廊，使建筑整体形成希腊十字形。这座寺庙被认为是缅甸古典建筑的巅峰作品——蒲甘阿难陀寺（12世纪，见图3-79~3-93）的原型之一。其中央窣堵坡上立金色尖塔，周围另有许多小型金塔。内部设两道同心回廊；内廊在每侧实心砌体的凹处，设四尊高9米的佛像。其窗上山墙及两侧壁柱的雕饰极富特色（见图3-49），表现出中国或柬埔寨的影响。

祠庙入口处大都设门廊和门厅。矩形门厅是连接低矮狭窄的门廊和高大内祠的联系环节，成为由俗界

进入圣祠的过渡空间，它和内祠之间往往通过短廊或过道相连。

　　蒲甘祠庙的设计灵感很可能来自印度东部和南部地区，和蒲甘那伽永寺相近的布局方式可见于印度坦焦尔的布里哈德什沃拉寺庙。门厅上置平顶，主庙上高耸顶塔的立面亦与印度南部艾霍莱的印度教神庙类似（如拉德汗神庙及杜尔伽神庙）。祠庙屋顶上的曲顶塔显然也是来自印度。与此同时，其中还吸收和融合了缅甸本土骠族的拱顶技术及孟族的装饰题材

左页：

（上）图3-97蒲甘 古标基寺（明伽巴村的，1113年）。南侧全景

（下）图3-98蒲甘 古标基寺。东侧，入口现状（部分经修复）

本页：

（左上）图3-99蒲甘 古标基寺。顶塔近景

（右上及下）图3-100蒲甘 古标基寺。墙面灰泥装饰细部

本页及右页：

（左）图3-101蒲甘 古标基寺。窗
饰细部（镂空石格板加灰泥制作
的窗框部件）

（中上及右上）图3-102蒲甘 古标
基寺。回廊壁画（左右两幅分别
位于回廊外墙及内墙处）

（右下）图3-103蒲甘 古标基寺。
壁画细部（十臂菩萨像，于红色
底面上以红黑两色勾勒细部）

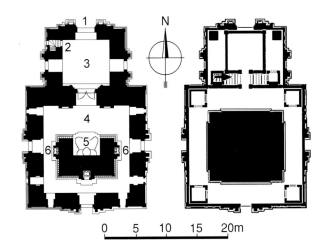

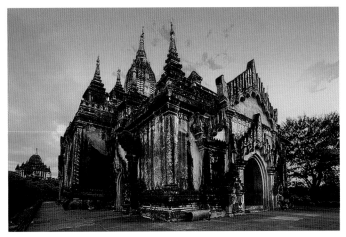

左页：

（上）图3-104蒲甘 达马扬基庙（12世纪后半叶）。地段全景

（右中）图3-105蒲甘 达马扬基庙。东侧现状

（左下）图3-106蒲甘 达马扬基庙。西侧，入口近景

（右下）图3-107蒲甘 达马扬基庙。西北侧，近景

本页：

（右上）图3-108蒲甘 达马扬基庙。内景（佛像头部较大，造型浑圆，完全不同于早期范例）

（左上）图3-109蒲甘 瑞古基庙（"大金窟"）。平面（Timothy M. Ciccone绘），图中：1、主入口（位于北侧）；2、通向屋顶的楼梯；3、前厅；4、内祠；5、主要佛像；6、侧面祠龛

（右下）图3-110蒲甘 瑞古基庙。东南侧远景

（左中上）图3-111蒲甘 瑞古基庙。东北侧全景

（左中下）图3-112蒲甘 瑞古基庙。北立面景色

（左下）图3-113蒲甘 瑞古基庙。主祠上部结构（自前室屋顶上望去的景色）

（左上）图3-114蒲甘 瑞古基庙。内祠现状

（右上）图3-115蒲甘 瑞古基庙。内祠后墙龛室

（左中）图3-116蒲甘 森涅特·阿玛庙。组群，总平面（Timothy M. Ciccone 绘）

（左下）图3-117蒲甘 森涅特·阿玛庙。组群，东南侧全景

（右中及右下）图3-119蒲甘 森涅特·阿玛庙。主庙，东南侧（自平台上、下望去的景色）

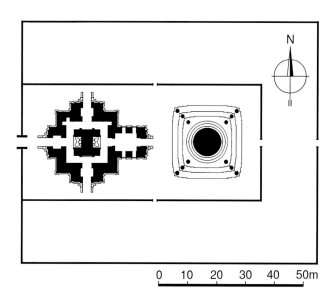

0 10 20 30 40 50m

（如位于韦德基因村附近古标基寺的入口拱券，见图3-78）。锡兰建筑的影响则主要表现在顶塔的造型上。

祠庙屋顶由向上逐层内收的阶梯状平台及其上窣堵坡式的顶塔组成。这种形式本是来自印度砖石砌筑的顶塔。在蒲甘，顶塔各面都外出一到两阶，每阶表面皆由多层水平条带组成，条带末端翘起，增加向上的动态。各面中部层叠壁龛，内置佛像（见图3-88、3-99）。

现存蒲甘祠庙顶塔上端部件几乎全毁，最初样式

（左上）图3-118蒲甘
森涅特·阿玛庙。组群，
南侧外景

（左中）图3-120蒲甘
森涅特·阿玛庙。主
庙，西侧现状

（右上）图3-121蒲甘
森涅特·阿玛庙。主
庙，西北侧景观

（右中）图3-122蒲甘
森涅特·阿玛庙。主
庙，前厅内景（平面
4.98米×7.02米）

（下）图3-123蒲甘 高杜
巴林庙。远景（夜色下）

已无法判别。但从现存祠庙灰塑上看，它们可能与蒲甘佛塔上部结构类似（如达贝格·毛格寺入口两侧窗框上的顶塔造型，图3-52）。从蒲甘碑文中可知，顶塔上端可能完全由铜制作或少量掺金。除印度式的顶塔外，屋顶上偶尔也用圆锥形顶塔或覆钟状窣堵坡（如阿贝亚达纳寺窣堵坡式的尖塔，见图3-29）。

左页：

（上两幅）图3-124蒲甘 高
杜巴林庙。西南侧远观

（下）图3-125蒲甘 高杜巴
林庙。西南侧全景

本页：

（上）图3-126蒲甘 高杜巴
林庙。南侧景观

（下）图3-127蒲甘 高杜巴
林庙。东立面现状

在缅甸，寺院（kyaung）内为僧侣设置的戒堂
（thein）大多来自木构原型，收藏佛教经典的藏经阁
（pitakat-taik）则类似形制简单的祠庙。蒲甘的藏经
阁约建于1058年，配有小窗的底层甚高，上部屋顶5

层，曲线形的屋顶成阶梯状逐渐后退。寺院其他木构
建筑中，大部分具有宝塔状的屋顶，层位数量不等，
雕饰丰富并配有尖顶饰。

[祠庙分期及风格]
早期

阿奴律陀1044年登位后，真正统一强大的蒲甘帝
国才最后形成。自10世纪中叶到1057年阿奴律陀灭直
通王国（Thaton Kingdom）这段时期，可视为蒲甘祠
庙发展的早期阶段。在阿奴律陀登位前，骠族人已迁
至蒲甘，因此，这时期的建筑主要受骠族建筑的影响
（特别在拱顶技术方面）。

这时期的代表作纳德朗寺建于10世纪中叶（图
3-53~3-55），是蒲甘现存最古老的这类建筑，也是

城市仅存的一座供奉毗湿奴的印度教寺庙（内有毗湿奴的十大化身像，但现仅存七尊）。其建筑形制与室利差咀罗的贝贝祠庙、莱梅德纳祠庙相似，用了半圆拱及楔形砌块（拱券多隐藏在结构中）。其平面方形，主祠中央方形实体核心周以回廊，核心东面辟大龛，余三面设小龛，龛内置神像。仅东面设入口，大门两侧各辟两个素净小龛，没有门廊或门厅。其他三面各开五个对称小窗，上端另设采光孔。屋顶为两阶平台，与逐渐收分的殿身上部结构一起形成了庞大的体量，相比之下顶塔分量似嫌不足。建筑根据不同需求采用各种形式的拱券，表明蒲甘早期这种技术已臻于成熟。

过渡期（或称探索期）

　　1057年阿奴律陀攻占直通后，把3万多名孟族学者、僧侣及工匠带到蒲甘，孟族建筑艺术随之传入，并和骠族建筑相结合，形成一些新的形式和手法，开启了祠庙的探索期（1057~1084年）。曼奴哈寺（图3-56~3-61）、难巴亚寺（见图3-47~3-51）以及巴多达妙寺（见图3-35~3-40）皆为这时期的代表作。

　　这时期的祠庙可视为骠国这类建筑的进一步发

本页及左页：

（左）图3-128蒲甘 高杜巴林庙。西北侧近景

（中）图3-129蒲甘 高杜巴林庙。东侧近景

（右）图3-130蒲甘 苏拉马尼庙（12世纪）。东侧，现状（前景为围墙入口）

左页：

（上）图3-131蒲甘 苏拉马尼庙。西南侧全景

（下）图3-132蒲甘 苏拉马尼庙。南立面全景

本页：

（上）图3-133蒲甘 苏拉马尼庙。东立面，近景

（左下）图3-134蒲甘 苏拉马尼庙。西立面，仰视景色

（右下）图3-135蒲甘 苏拉马尼庙。北门，近景

展，在中空型内祠前增设的宽敞门厅，既为信众提供了遮阳避雨的空间，又延伸了入口轴线，强化了方向感。门厅前有时另设浅门廊（如巴多达妙寺）。门厅上为两坡筒状屋顶，但不像吴哥塔庙那样采用华美的叠置和跌落的形式。主体部分由内祠及环绕它的回廊组成，内祠安置面对入口的坐佛（难巴亚寺为一特例，佛像安放在支撑屋顶的四根方形大柱之间的基座上）。这时期祠庙仅东面设入口，门厅两侧辟窗或假门，其他三面仅开窗户。值得注意的是，巴多达妙寺主祠除东侧门厅及门廊外，其他三面中部墙体稍稍向外凸出，成为后期十字形祠庙的先兆（见图3-35）。

这时期祠庙上部大都沿袭印度南部样式，采用带低矮女儿墙的平顶。立面两侧立小塔，内祠上为承顶塔的阶梯状平台。有的于每层平台正中辟大型壁龛（如难巴亚寺，见图3-48），有的甚至在屋顶四边正中设状如小佛堂的龛室供奉佛像（如巴多达妙寺，见图3-37）。在这个探索阶段，顶塔具有各种表现，效

本页及左页：

（上）图3-136蒲甘 苏拉马尼庙。内景

（下）图3-137蒲甘 苏拉马尼庙。壁画：为寺院运送食品的队列

本页及右页：

（左上）图3-138蒲甘 苏拉马尼庙。佛像

（左下）图3-139蒲甘 蒂洛敏洛庙（13世纪早期）。东南侧，现状全景

（右）图3-140蒲甘 蒂洛敏洛庙。西侧（背立面，修复前状态）

法印度样式的如难巴亚寺，采用窣堵坡造型的如巴多达妙寺。后者顶塔覆钵上的八边形平台显然是效法锡兰建筑，它和屋顶各面的小佛堂一起，预示了蒲甘祠庙后期发展的方向。

在这期间，室内外开始大量使用灰塑并出现了佛像壁画（如巴多达妙寺，此后这种装饰手法在祠庙室内得到普遍应用）。难巴亚寺内的四根方形巨柱为砖砌外贴石面，柱上有精美的梵天像。

窗口一般不大，并装砖石制作的格栅；室内光线昏暗，可能是受孟族建筑的影响（后者寺庙仅开狭窄的格子窗，如洞穴般的室内空间充满宗教的神秘氛围，想必是以此表现胎室的景况）。除难巴亚寺有窗框装饰外，其他窗仅有简单平素的线脚。拱券则如印度帕拉王朝的做法，为层叠的多曲尖拱，券面雕火焰状叶纹，底端饰翘头的摩羯（见图3-51）。

形成期（或发展期）

接下来的形成期（或发展期）相当于国王江喜陀（1084~1112年在位）统治时期。这时期的佛教建筑具有明显的孟族特色，除蒲甘现存最大的寺庙——阿难陀寺外，大多为中等尺度的建筑，如那伽永寺（表现出诸多蒲甘早期建筑的特色，尖塔立在数层宽阔的平台上；其宽大的门厅在中央筒拱顶两侧使用半拱，在平衡中央结构推力的同时，增加了跨度，外观上好似错落叠置的坡顶，大大丰富了构图效果，见图3-62~3-74）、阿贝亚达纳寺（其顶塔和角塔表现出锡兰建筑的影响，见图3-29、3-30）、古标基寺（位于韦德基因村附近，建于13世纪初，1468年重修，室内有灰塑作品及精美壁画，图3-75~3-78）、梅邦达寺等。

从这时开始，蒲甘祠庙逐步形成了自己的特色。祠庙平面虽仍承前期形制，于主祠前加设门厅及门廊（如古标基寺），但门厅较前期更为宽敞（如阿贝亚达纳寺、那伽永寺）。室内则一改孟族建筑的昏暗、神秘，向具有缅族特色的敞亮空间发展。主祠三面设窗且尺寸加大，入口门厅两侧亦设窗或假门。古标基寺更于主祠三面以大尺度的假门替代窗户，虽然安置了格栅，但室内的光线仍有所改善。后期得到广泛应用的四面开门、中心对称的祠庙，正是由此发展而来。与此同时，锡兰僧伽罗建筑的影响也开始呈现出来。

（上）图3-141蒲甘 蒂洛敏洛庙。西侧（背立面，修复后全景）

（下）图3-143蒲甘 蒂洛敏洛庙。墙角，雕饰细部

（上）图3-142蒲甘 蒂
洛敏洛庙。南立面,近景

（下）图3-144蒲甘 蒂
洛敏洛庙。内景及坐佛

作为这时期最典型的大型寺庙和这种类型最重要的古迹，蒲甘的阿难陀寺建于1105年[4]蒲甘王朝国王江喜陀任内。它是城市现存四座主要寺庙之一，也是所谓孟族风格的典型作品（图3-79~3-93）。据传，这座寺庙是模仿喜马拉雅地区南达穆拉石窟寺的形式，得到缅甸宫廷接待的印度僧侣曾在那里住过。

祠庙中央巨大的立方体主祠平面53米见方，四翼由各面向外突出的宏伟门厅组成，门厅进深17米并带山墙，如此形成的十字形平面总长达88米。和门厅等宽的中央形体为巨大的实体砖构，四面深龛内安置四尊面朝主要方向的立佛（每尊像高9.5米，立在2.4米高的基座上），其外围两圈狭窄的同心廊道，使朝拜者可绕龛室内的佛像环行。通道上置筒拱顶，内有80块巨大的火山岩浮雕，表现佛陀一生的事迹。回廊之间以低矮、狭窄的过道相连，后者同时也是采光孔道。这些纵横交错的厅堂和廊道创造出变幻无穷的光影效果，加上严格的等级划分（内圈仅高僧可入内参

本页及左页：

（左上）图3-145蒲甘 摩诃菩提庙（13世纪初）。主塔远景

（右）图3-146蒲甘 摩诃菩提庙。东侧全景

（左下）图3-147蒲甘 摩诃菩提庙。东北侧景观

（中）图3-148蒲甘 摩诃菩提庙。北侧现状

本页：

（上）图3-149蒲甘 摩诃菩提庙。西南
侧景色

（右下）图3-150蒲甘 代德贾穆尼庙。
平面

（左下）图3-151蒲甘 代德贾穆尼庙。
西南侧外景

右页：

（左上）图3-152蒲甘 贡杜基庙（"大
王丘、大圣丘"）。平面

（左中）图3-153蒲甘 贡杜基庙。现状
外景

（左下）图3-154蒲甘 难达马尼亚庙。
东北侧全景

（右上）图3-155蒲甘 难达马尼亚庙。
北立面景色

（右中上）图3-156蒲甘 难达马尼亚
庙。西北侧现状

（右中下）图3-157蒲甘 难达马尼亚
庙。西立面景观

（右下）图3-158蒲甘 难达马尼亚庙。
西南侧景色

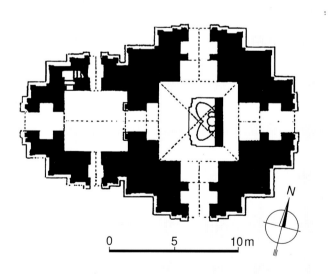

拜，外圈为君主专用，一般民众只能在外部通过狭窄
的过道向内探望），充分体现了印度教建筑的特色
（参见图3-79、3-92）。

寺庙外墙高12米，上冠雉堞栏墙，角上起轮环状

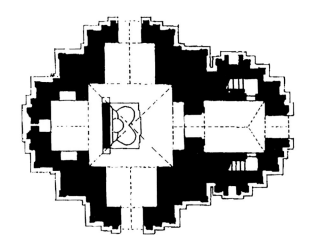

小塔。立方体四个入口处装柚木雕饰大门，入口内侧各龛室立各种姿态的镀金佛像供人祭拜，山面顶上皆以小塔作为结束。装饰祠庙基台、侧面及台地表现佛陀本生故事的浮雕陶板共554块。

本页：

（上）图3-159蒲甘 难达马尼亚庙。东北角近景

（左下）图3-160蒲甘 难达马尼亚庙。西立面近景（建筑仅有四分之一的外墙灰泥装饰保存下来，图示保存较好的一部分）

（右下）图3-161蒲甘 难达马尼亚庙。北立面墙体及窗框雕饰细部

（中）图3-162蒲甘 难达马尼亚庙。墙角雕饰细部

右页：

（左上）图3-163蒲甘 难达马尼亚庙。内景（内祠面积3.24米×3.46米，佛陀头上部绿色示菩提树，佛像部分复原）

（下）图3-164蒲甘 莱梅德纳庙（1222年）。现状

（右上）图3-165蒲甘 丹布拉庙（约13世纪）。外景（摄于塔顶修复前）

　　立在中央立方体结构上的顶塔仿塔庙（sikhara）
造型，以此强调建筑的宗教意义。高达51米的顶塔基
部为逐层缩小的四层装饰性平台，顶上起穹顶状宝塔

及伞盖（hti，几乎在缅甸所有宝塔顶上均可见到这
一装饰部件）。和这时期的其他寺庙一样，平台较前
期平缓，且于每层平台转角处均设角塔，以缩小的

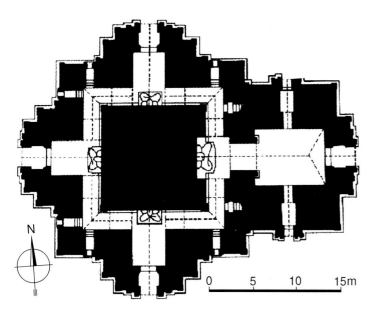

比例重复中央穹顶状顶塔的形式，这种做法很快得
到推广并成为蒲甘寺庙的主要特征之一（只是之后
的作品规模和尺度有所减缩，如南古尼庙，图3-94、
3-95）。

　　阿难陀寺被认为是融汇孟族风格和印度风格的建
筑奇迹。缅甸考古所（Burma Archaeological Survey）

所长查尔斯·迪鲁瓦塞尔（1871~1951年）甚至认为，设计和建造这座寺庙的是印度人，"因为寺庙的所有部件，从尖塔（sikara）到基座，包括廊道里的无数石雕、装饰基座和台地的陶板，均带有明确无误的印度技艺的印记……因而，在这个意义上，可以说，阿难陀寺尽管是建在缅甸的都城里，实际上是座印度寺

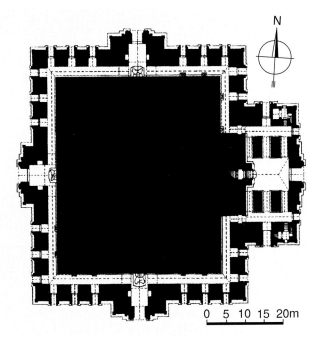

左页：

（上）图3-166蒲甘 丹布拉庙。现状（摄于塔顶修复后）

（右下）图3-167蒲甘 丹布拉庙。壁画（位于光环背景前的佛陀）

（左下）图3-168蒲甘 达德加尔·帕亚庙。平面

本页：

（左上）图3-169蒲甘 达宾纽庙（1144年）。首层平面

（下）图3-170蒲甘 达宾纽庙。远景

（右上）图3-171蒲甘 达宾纽庙。南侧全景

本页：

（上）图3-172蒲甘 达宾纽庙。近景

（左中）图3-173蒲甘 达宾纽庙。佛像（庙内有大量佛像，其外廊和所在的拱券空间相互应和）

（左下）图3-174蒲甘 塔曼帕亚庙（1275年）。东南侧现状

（右中）图3-175蒲甘 塔曼帕亚庙。西南侧全景

右页：

（左上）图3-176蒲甘 塔曼帕亚庙。东立面（山面浅色部分系近代重建）

（右上）图3-177蒲甘 塔曼帕亚庙。经部分整修后的山墙及窗户

（下）图3-178蒲甘 达贝格·毛格寺。剖面

庙"。他还说，这座寺庙的建筑，在很大程度上是效法印度奥里萨邦乌达耶吉里山的阿难塔洞窟寺（3号窟）。克里希纳·穆拉里称这座寺庙是"缅甸的西敏寺"（Westminster Abbey of Burma）[5]。由于和10~11世纪的巴多达妙寺极为相像，亦有人称其为"真正的石构博物馆"[6]。

寺庙于1975年地震中遭到损坏，但很快修复（包括彩绘及墙面粉刷）。在1990年庆祝建成900年之际

尖塔重施镀金。

除阿难陀寺外，位于蒲甘附近的迪察瓦达祠庙虽规模较小，但年代较早（11世纪，图3-96）。除了主要的拱券入口外，底层皆为以壁柱分划的实墙，多少

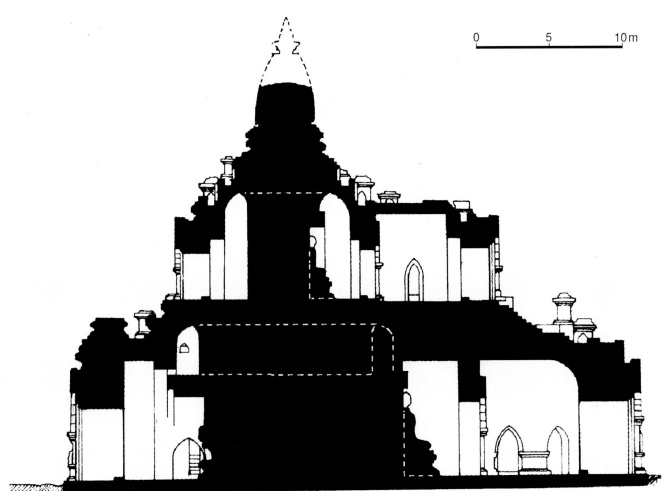

本页：
（上下两幅）图3-179蒲甘
达贝格·毛格寺。地段全
景（自远处拍摄的景观，
实际上各建筑之间有相当
距离，下图为局部放大）

右页：
图3-180蒲甘 达贝格·毛格
寺。外景（摄于2016年地
震前）

令人想起同时期印度南方的达罗毗荼式神庙。但较小的规模和外廊更为陡峭的上层台地则类似年代晚后得多的欧洲集中式教堂。同在蒲甘的苏拉马尼祠庙（见图3-130~3-138）年代相近，但在上层布置了一个带雕像的中央房间及回廊。

位于蒲甘南面明伽巴村的古标基寺建于1113年，建筑上体现了孟族和印度风格，角上尖塔较早期实例更大、更沉重。外墙窗饰及灰泥图案极为精美，室内尚存大量保存得极好的最初壁画（图3-97~3-103）。建于12世纪后半叶的达马扬基庙，则是另一座平面类似阿难陀寺的建筑，只是未能最后完成（图

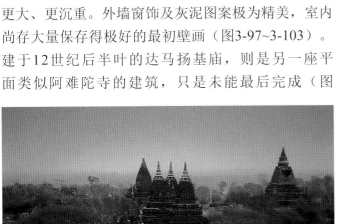

左页：

（上下两幅）图3-181蒲甘 达贝格·毛格寺。2016年地震后状态

本页：

（左中）图3-182蒲甘巴亚东祖寺（三塔寺，可能为13世纪末）。西北侧远景

（下）图3-183蒲甘 巴亚东祖寺。西北侧全景

（右上及右中）图3-184蒲甘 巴亚东祖寺。西南侧景观（上下两幅分别示顶部修复前后状态）

本页：

（上）图3-185蒲甘 钟形佛塔示例一（图示窣堵坡位于图3-32藏经楼边上）

（下）图3-186蒲甘 钟形佛塔示例二（为蒲甘尚存的5000座类似祠庙之一）

右页：

（上）图3-187蒲甘 雅基韦纳当塔（10世纪）。修复前景观

（下）图3-188蒲甘 雅基韦纳当塔。地段形势

3-104～3-108）。

成熟期

江喜陀去世后，蒲甘的建筑在其继任者阿朗悉都（悉都一世，1090～1167年，1113～1167年在位）时期经历了一次重要的转折。在接下来的几个世纪里，孟族建筑的影响被锡兰的僧伽罗建筑取代（特别反映在窣堵坡的形态上）。随着孟族文化日渐式微，缅族自己的建筑艺术得以发展昌盛并逐步定型，这一阶段可视为蒲甘寺庙的成熟期。在这时期，主祠建得更加宏伟高大，每面均设大型门厅，格栅窗户也随之扩大，形成具有缅族特色的多层寺庙。

这时期中等规模的单层庙宇以瑞古基庙（原意"大金窟"，图3-109～3-115）、森涅特·阿玛庙（施主为王后森涅特，图3-116～3-122）为代表；多层庙宇的实例有高杜巴林庙（为蒲甘最高神庙之一，图3-123～3-129）、苏拉马尼庙（位于蒲甘西南，图3-130～3-138）和蒂洛敏洛庙（位于城墙北面，

高46米，三层，其形式类似更早的苏拉马尼庙；图
3-139~3-144）；而造型别致的摩诃菩提庙则显然是
以印度菩提伽耶大塔为范本（图3-145~3-149）。其
他属13世纪中叶的中等规模庙宇除古标基寺外，尚有
代德贾穆尼庙（图3-150、3-151）、贡杜基庙（原意
"大王丘、大圣丘"，图3-152、3-153）、难达马尼
亚庙（图3-154~3-163）、莱梅德纳庙（图3-164）和
江喜陀的主要王后丹布拉投资并以她的名字命名的丹
布拉庙（图3-165~3-167）。

　　除了阿难陀寺外，最早在寺庙主祠三面辟门的是

（上）图3-191蒲甘 布巴亚塔（3世纪）。现状，远景

（下）图3-192蒲甘 布巴亚塔。现状，全景（顶部系1975年地震后重建，1981年加设塔体铁箍，2016年地震时未受太大损伤）

瑞固基庙，但各门仅稍稍突出墙面，两侧开窗，如早期做法，呈现出过渡时期的特点。此后，侧面和后墙入口尺度越来越大，装饰也更趋复杂，仅比正面门厅短一些，更接近中心对称的形制，如达德加尔·帕亚庙（图3-168）、苏拉马尼庙和达宾纽庙（图3-169~3-173）。后者由国王阿朗悉都建于1144年，类似阿难陀寺，但没有后者形成十字形结构的四翼，方形平面遂表现得非常明显。巨大的基部台地上承方形结构（于上层厅堂内布置坐佛像），后者于顶部平台处再起几阶平台以

本页及左页：

（左上）图3-193蒲甘 布巴亚塔。塔体近景

（右）图3-194蒲甘 明伽巴塔。外景

（左下）图3-195蒲甘 洛伽难陀塔（"世喜塔"）。东南侧，地段全景

（中）图3-196蒲甘 洛伽难陀塔。东北侧景观

本页：

图3-197蒲甘 洛伽难陀塔。
正面景色

右页：

（左上）图3-198蒲甘 瑞山
陀塔。远景

（右上）图3-199蒲甘 瑞山
陀塔。西侧现状（左前景为
编号1569的祠庙，建于18世
纪，说明直到此时寺庙仍在
使用中）

（下）图3-200蒲甘 瑞山陀
塔。近景

承顶塔（sikhara）。

　　有的祠庙主祠虽然侧面仍用窗户，但采用了正门
的外框形式，由一个完整拱券加两侧半券组成，因而产
生了大门的构图效果（如塔曼帕亚庙，图3-174~3-177）。

和11~12世纪寺庙相比，13世纪的庙宇窗户数量较少
（可能是出于宗教礼仪或其他实用方面的考虑）。由
于墙面增多促进了壁画艺术的发展，石雕像的数量则
相应减少。

本页：

（上）图3-201蒲甘 瑞
喜宫塔。东南侧全景

（下）图3-202蒲甘 瑞
喜宫塔。东北侧现状

右页：

（上下两幅）图3-203蒲
甘 瑞喜宫塔。塔院及
次级祠堂，现状

宝伞

焦蕾

仰莲
环形珠饰
覆莲

相轮

钟形覆钵

覆钵底

（左右两幅）图3-204蒲甘 瑞喜宫塔。大塔近景

这时期出现的双层庙宇多为实体核心类型（核心四面立佛像），其上为一方形楼层，安置正面朝东的佛像，如苏拉马尼庙、高杜巴林庙、蒂洛敏洛庙和达宾纽庙。主要门厅朝东，主祠上下两层均设回廊环绕中央实体核心（到贡榜王朝[7]时期，上下回廊内常设背靠廊道的砖构坐佛）。这类双层寺庙始于何时已不可考，但在主祠屋顶四面和门厅顶上设小佛堂的做法则早已有之，最早的实例即巴多达妙寺。

有的双层寺庙还在上层墙体与顶塔之间，或一、二层之间插一个拱顶廊道形成的夹层，如达宾纽庙和蒂洛敏洛庙（只是有的无法进入，但大大减少了用砖量和结构上部的荷载），甚至一些小型寺庙也有简单的夹层（如达贝格·毛格寺，夹层设在一、二层之间，图3-178~3-181）。

三塔并立的巴亚东祖寺可视为这时期出现的另一种特殊类型。虽然其准确建造日期不明，但估计应属13世纪末（图3-182~3-184）。其三座方形祠庙通过两个狭窄的拱顶通道相连，由于内部雕像已无，性质及供奉对象不明。室内尚有保存完好的壁画，西塔未完工的装修表明工程弃置时尚未最后完成。

[窣堵坡（佛塔）]
主要塔型
和印度及斯里兰卡一样，在缅甸，佛塔（窣堵

本页及左页：

（左）图3-205蒲甘 瑞喜宫塔。塔顶细部[包括宝伞（hti）在内，部分于1975年地震后修复]

（中）图3-206蒲甘 瑞喜宫塔。次级祠堂，山面细部

（右）图3-207蒲甘 瑞喜宫塔。塔院雕饰小品

（左页上）图3-208蒲甘 敏伽拉塔（约1277年）。现状外景

（左页下及本页两幅）图3-209蒲甘 敏伽拉塔。陶饰细部

本页：

（上）图3-210曼德勒 库多杜塔。金塔，全景

（中）图3-211曼德勒 库多杜塔。金塔，近景

（下）图3-212曼德勒 库多杜塔。小祠堂，外景

右页：

（上下两幅）图3-213曼德勒 库多杜塔。小祠堂，近景

坡，在这里称zedi，或宝塔，paya）为具有穹顶外形的沉重砖结构。通常由四部分组成：1、平面方形的砌筑基台，砖墙内狭长的拱顶通道围绕着一个实体的砌筑核心，后者每侧中央龛室内安置佛像，墙面饰壁画或浮雕；2、向上升起的甚高基座，由三或五个逐层退进的台地组成，平面首选多边形；3、覆钵状的佛塔主体；4、锥形尖塔，通常由叠置的轮环组

成，顶上为伞盖（hti）。由此衍生的变体形式极其多样，但半球形的穹顶形式很少，底部几乎全都如钟形向外展开；多边形的基座常为圆柱形体取代。甚至还有圆锥形的佛塔，由于基部扩大而形成的带凹面廓线的球形结构，以及球茎状的造型等。

在蒲甘用得甚多的钟形佛塔，是一种极为精美的建筑类型。在这些例证中，方形的基台由叠置层面组成，逐层向上缩减，形成步道。在四个主要方位上，

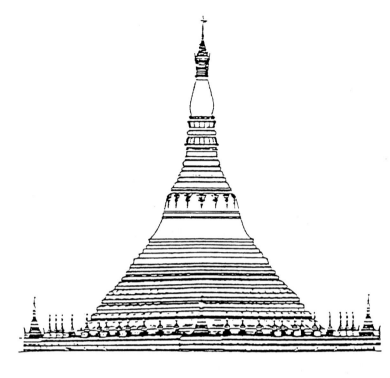

左页：

（上）图3-214曼德勒 山达穆尼塔（1874年）。主塔，外景

（中及下）图3-215曼德勒山达穆尼塔。周围的小窣堵坡（远处可看到曼德勒山上的祠堂）

本页：

（右上）图3-216仰光 大金寺塔（可能创建于6~10世纪，现存建筑16~17世纪）。立面

（下）图3-217仰光 大金寺塔。19世纪上半叶景色（版画，作者Jon Harald Søby，1825年）

（左上）图3-218仰光 大金寺塔。19世纪上半叶台地景观（版画，1824~1826年）

通过坡道相连的台阶通向各个层面。钟形的佛塔主体
直接从最高层基台起建（图3-185、3-186）。

　　缅甸的佛塔有两个与印度不同的特色：一是穹顶
上没有带栏杆的平台（即harmika，由此起尖塔），
二是基部向外扩大，叠置方形平台并形成步道（人们

本页：

图3-219仰光 大金寺塔。西北侧，全景

右页：

（上）图3-220仰光 大金寺塔。西南侧，现状

（下）图3-221仰光 大金寺塔。东南侧，夜景

本页：

（上）图3-222仰光 大金寺塔。东南侧，自街道处望去的景色

（下）图3-223仰光 大金寺塔。南入口，立面现状

右页：

（上）图3-224仰光 大金寺塔。南入口，各门楼景观

（下）图3-225仰光 大金寺塔。顶层台地，主塔及南门楼，西南侧景色

可通过轴线上的台阶上去）。与此同时，缅甸窣堵坡更强调渐进的垂向构图。

形制演变及主要实例

从前面的评介中，不难看出，从骠国时期（7~9世纪）开始，蒲甘的塔经历了一系列本土化的过程：基台由早期低矮的三层发展到更高的五层，最后又复归三层，但保留了高大的特色。这时期的佛塔均具有穹顶式的凸面廓线，如室利差呾罗（卑谬）附近7~8世纪的几座塔。其中有的是圆柱形（包包枝窣堵坡），有的为圆锥形，像巨大的窝头（巴亚马和巴亚

枝窣堵坡）。早期的这些半球形、圆柱形、圆锥形覆
钵最终演变成蒲甘王朝更喜用的覆钟形窣堵坡（可能
还带有某些僧伽罗风格的成分）。覆钵上的竖杆和
伞盖则转变成相轮加仰覆莲（中以环珠饰分开）、
上冠焦蕾及宝伞的塔刹形式。至盛期（Great Burmese

本页及左页：

（左上）图3-226仰光 大金寺塔。顶层台地，南门楼南侧近景

（左下）图3-227仰光 大金寺塔。西门，现状

（右）图3-228仰光 大金寺塔。顶层台地，西门楼立面

（中）图3-229仰光 大金寺塔。顶层台地，西门楼塔尖近景

左页：

（上）图3-230仰光 大金寺塔。顶层台地，东门楼，东南侧景观（外部饰木雕及马赛克，内部藏佛像及大钟）

（下）图3-231仰光 大金寺塔。主塔，西南侧景观

本页：

图3-232仰光 大金寺塔。主塔，西北侧近景

本页:

图3-233仰光 大金寺
塔。主塔, 东南侧近景

右页:

图3-234仰光 大金寺
塔。主塔, 仰视近景

Building Period, 始于11世纪) 进一步为日后该地区
典型的凹面钟形窣堵坡取代。

　　在功能上, 蒲甘的塔主要用于供奉佛陀圣骨、圣
徒衣钵、佛像及收藏佛教手稿, 圣物收藏在地宫或平
头中密闭的小室内。

　　蒲甘时期塔体形制的变化, 可进一步细分为三个
阶段[8]:

　　蒲甘早期——坟冢型(略呈半球形), 如建于10

世纪国王当杜基时期的雅基韦纳当塔, 塔高13米。基
台结构极简, 覆钵除平素的绿色琉璃镶嵌外, 不施任
何装饰(图3-187~3-190)。但它并不是对早期室利
差呾罗覆钵形制的简单模仿, 圆柱形覆钵上部出现弧
度优美的卷杀, 钵体也更长。

　　蒲甘中期——混合型, 如布巴亚塔[窣堵坡, 位
于蒲甘附近, 据信建于3世纪蒲甘王朝第三任国王骠
萨瓦蒂(168~243年在位)时期; 可惜最初的塔毁于

本页:

（上）图3-235仰光 大金寺塔。主塔，塔基及小塔近观（基部小塔分三组：64座小塔环绕整个主塔；四座尺寸较大的立在角上；另四座最大的位于各面中央）

（下）图3-237仰光 大金寺塔。顶层台地，西南区亭阁及小塔

右页：

图3-236仰光 大金寺塔。主塔南侧小塔近景

本页：

（上）图3-238仰光 大金寺塔。顶层台地，西北区小广场，西侧景观

（下）图3-239仰光 大金寺塔。顶层台地，西北区小广场，自西南方向望去的景色

右页：

图3-240仰光 大金寺塔。顶层台地，东北区，主塔（南杜基塔）西门楼，西北侧景色

1975年的地震，球根状的塔体碎裂后坠入边上的河中；之后用近代材料进行了重建，但镀金的上部结构并没有完全依从旧制（图3-191~3-193）]、明伽巴塔（图3-194）、洛伽难陀塔（"世喜塔"，图3-195~3-197）。这几座塔在蒲甘这类建筑的演进中，起到了承上启下的作用。它们均以室利差呾罗的包包枝窣堵坡为原型（见图3-16），在圆柱形覆钵的基础上进行改进。布巴亚塔的覆钵如倒置的瓮，而洛伽难陀塔和明伽巴塔则将圆柱形覆钵的底端向外张开形成曲面，在视觉上起到拉长钵体的作用，已开始具有某些后期的特色。洛伽难陀塔覆钵建在高高的三层八边形基台上，下两层基台设梯道，每层基台都有花边和表现佛陀本生故事的浮雕嵌板。具有晚期特色的塔刹可能系后期增添

（见图3-195）。

蒲甘后期——覆钟型，如瑞山陀塔（图3-198~3-200）、瑞喜宫塔（图3-201~3-207）、敏伽拉塔（图3-208、3-209）。其中，最早转为覆钟型的是瑞山陀塔（覆钵轮廓稍稍外凸，可能受到藏传佛教密宗塔的影响），更为成熟的则是敏伽拉塔和瑞喜宫塔（覆钵轮廓内四）。后期的这些塔一般均由基础平台（phinaptoau）、逐层内收的阶梯状基台（通常三层，角上配角塔）、覆钵底座、钟形覆钵、相轮、覆莲、环形珠饰、仰莲、焦蕾及宝伞等部分组成（见图3-203）。瑞喜宫塔可作为缅甸覆钟型塔的典型例证。塔由国王阿奴律托（1044~1077年在位）捐建，但直到江喜陀（1084~1112年在位）时期才完成。装

本页及左页：

（上）图3-241仰光 大金寺塔。顶层台地，东北区，自中央区东侧通道向北望去的景色

（下）图3-242仰光 大金寺塔。顶层台地，东北区，西侧南端现状

本页：

图3-243仰光 大金寺塔。顶层台地，东北区，西南角塔

右页：

（上）图3-244仰光 大金寺塔。顶层台地，东北区，南侧塔阁，南立面

（下）图3-245仰光 大金寺塔。顶层台地，中央区，北侧通道（自西北角向东望去的景色）

（上）图3-246仰光 大金寺塔。顶层台地，中央区，东北角景观

（下）图3-247仰光 大金寺塔。顶层台地，中央区，东侧建筑（一）

图3-248仰光 大金寺塔。顶层台地，中央区，东侧建筑（二）

本页：

（上）图3-249仰光 大
金寺塔。内景（佛像
戴头带，为缅甸风格
的特殊表现）

（下）图3-250仰光 大
金寺塔。卧佛像（位
于平台西南杜布温德
阁内，长9米）

右页：

（上）图3-251勃固 瑞
摩屠塔（金庙，始建
于10世纪左右，后重
建）。现状全景

（下）图3-252勃固 瑞
摩屠塔。近景

饰华美的覆钵位于三层方形阶梯式基台上，基台每边
均设梯道，可直达覆钵底座。顶层基台转角处立微缩
小塔。属同一时期的瑞山陀塔和敏伽拉塔相对朴素得
多，仅在覆钵中部饰环形线脚。位于曼德勒山脚下的
库多杜塔是另一个效法瑞喜宫塔的实例。该塔建于国
王敏东时期，位于台地上的金色塔体高57米。塔所在

地面上有729个小祠（kyauksa gu），每个里面均有一
块大理石板，两面刻三藏佛说经（Tripiṭaka，Tipiṭa-
ka），被誉为世上最大的石刻经书（图3-210~3-213）。
另在曼德勒山西南侧，还有一座1874年国王敏东为纪
念在一次叛乱中被杀的小弟而建的山达穆尼塔（图
3-214、3-215）。

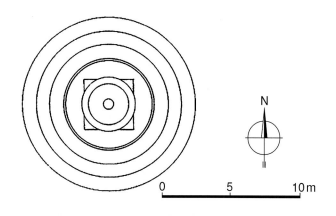

本页：

（左上）图3-253蒲甘 萨巴达塔（12世纪初）。平面

（左中）图3-254蒲甘 萨巴达塔。现状

（左下）图3-255蒲甘 581号塔（位于难达马尼亚庙附近）。全景

（右上）图3-256蒲甘 乌金达塔。外景

（右中）图3-257蒲甘 贝宾姜巴多塔。外景

右页：

（左上）图3-258蒲甘 西达纳-基-帕亚塔。外景（修复前）

（左中）图3-259蒲甘 西达纳-基-帕亚塔。外景（现状）

（左下）图3-260蒲甘 东帕克利布塔。西南侧全景

（右上）图3-261蒲甘 东帕克利布塔。西入口现状

（右中）图3-262蒲甘 东帕克利布塔。屋顶窣堵坡，近景

（右下）图3-263蒲甘 西帕克利布塔（11世纪）。东北侧全景

在蒲甘，敏伽拉塔是已知年代最为晚近的佛塔，始建于1274年[9]国王纳洛迪哈巴德（那罗梯诃波蒂）统治时期。建筑砖构，底层平面方形，高高的基台由三阶台地组成，各台地于四面中央设台阶通向上层。各平台角上布置假供瓶（kalasas，放置鲜果的供瓶）。最上层平台四角立小塔（以缩小的尺度再现中央大塔的造型，这样的设计同样有爪哇的先例，如婆罗浮屠的窣堵坡）。中央钟形大塔立在刻有线脚的八边形及圆形基座上，最后以锥形顶塔及带珠宝的伞盖（hti）作为结束。

敏伽拉塔被视为最典型的缅甸窣堵坡。外观紧凑的中央砖构实体内设拱顶内殿，其上结构支撑巨大的顶塔。这种类型至少在蒲甘时期已非常流行，并有各种各样的变体形式。由于带内部厅堂及廊道，往往被称为洞窟建筑（cave-buildings）。

敏伽拉塔是蒲甘少数尚存完整系列釉陶板块的寺庙之一，板块上主要表现本生故事[10]。在这座佛塔建成几年后，这第一个缅甸王国（蒲甘王国）的都城即

本页：

（左上）图3-264蒲甘 西帕克利布塔。东南侧现状

（右上）图3-265蒲甘 西帕克利布塔。近景

（左下）图3-266蒲甘 森涅特·尼玛塔。现状全景

（右下）图3-267蒲甘 森涅特·尼玛塔。近景

右页：

（左上）图3-268蒲甘 森涅特·尼玛塔。塔体雕饰细部

（右上）图3-269蒲甘 达马亚齐卡塔庙（1196年）。俯视平面图

（下）图3-270蒲甘 达马亚齐卡塔庙。远景

被元朝军队攻陷。

著名的仰光大金寺塔尽管传说已有2600年历史（一说建于公元前588年，当时塔高8.3米），但历史学家和考古学家认为，它很可能是由孟族人创建于6~10世纪（内藏佛陀的八根头发），现存建筑（16~17世纪）看来是在一个早期结构的基础上兴建，并经多次改建和扩建的结果（立面：图3-216；历史图景：图3-217、3-218；全景：图3-219~3-222；

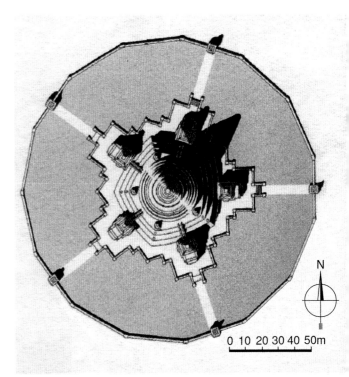

入口及门楼：图3-223~3-230；主塔及基部小塔：图3-231~3-236；顶层台地各区景色：图3-237~3-248；内景：图3-249、3-250）。之后窣堵坡长期处于失修状态，到14世纪，汉塔瓦底（勃固）王国[Hantha-waddy（Pegu）Kingdom]国王频耶陀努（白象王辛彪信，1323~1384年在位）重修时达到18米高度。一个世纪之后，女王信修浮（1394~1472年，1453~1472年在位）又将其高度提升到40米，并将所在山坡改造

左页：

（上）图3-271蒲甘 达马亚齐卡塔庙。立面全景

（下）图3-272蒲甘 达马亚齐卡塔庙。主塔及周边小型祠堂，近景

本页：

（上及中）图3-273蒲甘 达马亚齐卡塔庙。陶饰细部

（下）图3-274实皆 城市俯视全景（位于伊洛瓦底江岸边，对面为曼德勒；山头和谷地内散布着大量的寺院和佛塔）

成铺石板的台地。到16世纪初，大金寺已成为缅甸最著名的佛教圣地。从形式上看，传统的圆形陵寝式窣堵坡已演变成细高的结构。由多重台面组成的基座平面上呈多角形式，上承微缩的宝塔，行进平台上满布带雕饰和镀金的龛室及尖塔（共有4座中塔和64座小塔环绕着中央大塔）。四个入口以狮鹫[11]作为护卫。

其丰富和华丽构成了后期缅甸艺术的典型特征，并反映了在文化上和印度及中国的联系。

　　接下来几个世纪的多次地震给这座著名的建筑造成了不同程度的损害，特别是1768年的一次地震，毁掉了塔顶部分。之后贡榜王朝（Konbaung Dynasty）国王辛彪信（1763~1776年在位）修复时增建到现在的高度（99米）。新的顶部伞盖系1871年在下缅甸被

（上）图3-280谬乌 古城。17世纪下半叶城市风光（版画，作者Victor Couto，1676年；前景为葡萄牙人居住区）

（下）图3-281谬乌 古城。寺院及庙塔分布示意

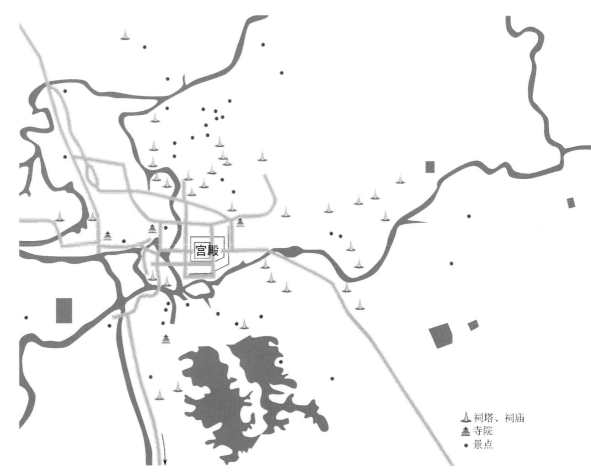

⛰ 祠塔、祠庙
🏯 寺院
● 景点

英国并吞之后由贡榜王朝国王敏东（1853~1878年在位）斥资建造。

　　目前缅甸最高的塔是勃固的瑞摩屠塔（金庙），据信始建于10世纪左右的这座塔当时高仅21米，后因地震多次破坏和重建（包括1917和1930年两次），现塔高114米，比仰光大金塔还要高出15米（图3-251、

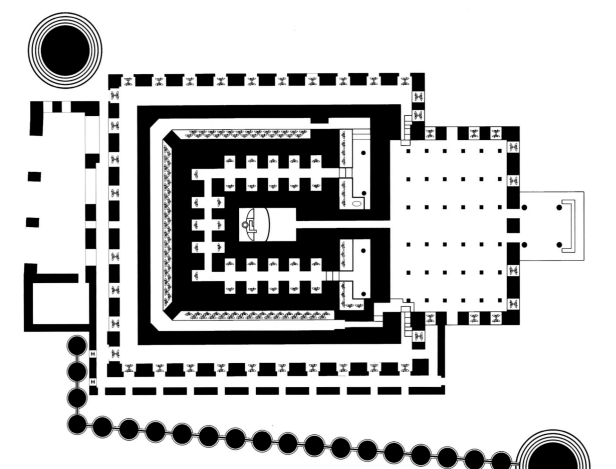

（上）图3-282谬乌 古城。遗址区景观

（左中）图3-283谬乌宫殿。复原图

（中中及右中）图3-284谬乌 宫殿。遗址现状

（下）图3-285谬乌 八万佛像庙（胜利庙，1535~1536年）。平面

（上）图3-286谬乌 八万
佛像庙。东南侧现状

（中）图3-287谬乌 八万
佛像庙。西南侧景色

（下）图3-288谬乌 八万
佛像庙。主塔群，西侧景观

3-252）。

其他类型

除了上述主要塔型外，在蒲甘，其他类型的塔中最引人注目的是12世纪后期流行的锡兰僧伽罗式塔。其基台一般不设梯道，并如印度早期窣堵坡（如桑吉大塔）那样，于覆钵上立平台（方形，也有圆形并

（上）图3-289谬乌 八万佛像庙。小塔近景

（下）图3-290谬乌 八万佛像庙。廊道雕塑（拱顶廊道内饰有几层高浮雕，主要为佛教题材，但也有婆罗门教及神话内容，乃至爱侣形象）

（上）图3-291谬乌 九万
佛像庙（1553年）。南侧
远景

（中）图3-292谬乌 九万
佛像庙。东侧全景

（下）图3-293谬乌 九万
佛像庙。东侧，入口台阶

（上下两幅）图3-295谬乌 九万
佛像庙。廊道内景

左页：

（上）图3-296谬乌 佛牙祠（戒堂，始建于1515~1521年，1596或1606~1607年扩建）。主塔群，西侧景观

（下）图3-297谬乌 佛牙祠。自西南方向望去的景色（北面背景处耸立的大塔及周围小塔为1612年建造的积宝塔）

本页：

（上）图3-298谬乌 佛牙祠。塔群内景（向北望去的景色，右侧为主塔群基台）

（下）图3-299谬乌 佛牙祠。西侧北端小塔（远景大塔为北面的积宝塔组群）

本页：

（上）图3-300谬乌 四面塔
（1430年）。东侧远景（右边
为尼杜祠）

（下）图3-301谬乌 四面
塔。西侧景观（入口朝西）

右页：

（右上）图3-302谬乌 四面
塔。侧面景色

（左上）图3-303谬乌 四面
塔。内景

（下）图3-304谬乌 杜甘登
塔庙（1571年）。远景（自
八万佛像庙处望去的景色）

带齿饰的）；其上相轮与平台之间以凹入的塔脖明确分开，为一特色表现（如11世纪的贝宾姜巴多塔和12世纪初的萨巴达塔，图3-253、3-254）。有的塔脖位于圆形平台与覆钵之间（如森涅特·尼玛塔，见图3-266、3-267），还有平台上下均设塔脖的（如难达马尼亚庙附近一座编号为581的小塔，图3-255）。相轮之上直接以焦蕾结束，没有仰覆莲和宝伞。

另外，根据覆钵的样式，尚可分辨出这种僧伽罗式塔发展的几个阶段：

1、早期，如贝宾姜巴多塔、萨巴达塔和乌金达塔（图3-256）。覆钵呈初始状态的半圆形，其中贝宾姜巴多塔年代较早，拉长的覆钵坐落在低矮的基台上（图3-257）。稍后的萨巴达塔和乌金达塔基台加高并分层，侧边装饰亦增多。

（上）图3-305谬乌 杜甘
登塔庙。东南侧景色（底
层砂岩砌造，上部砖构抹
灰；内廊雕饰精美，许多
手持莲花苞的妇女据信是
表现贵族夫人，其发型有
64种之多）

（下）图3-306谬乌 积宝塔
（1612年）。北侧俯视全景
（背景处可看到佛牙祠）

（上）图3-307谬乌 积宝塔。西南侧全景

（下）图3-308谬乌 积宝塔。南侧近景

2、中期，如西达纳-基-帕亚塔（图3-258、3-259）、东帕克利布塔（图3-260~3-262）和西帕克利布塔（11世纪，图3-263~3-265）。西达纳-基-帕亚塔基台进一步加高，四层平台转角立小塔，侧面嵌板表现佛陀本生故事。这批塔的高基台属后期特色，但短促的圆柱形覆钵为早期特征，具有过渡性质。

3、晚期，森涅特·尼玛塔是这时期僧伽罗式塔的

典型代表（图3-266~3-268）。基台三层，平面方形
（近转角处起三层折角），不设梯道；角上立小塔，
台上起装饰华美的钟形覆钵；四个正向方位设带山墙
及顶塔的龛室，内置佛像。覆钵之上为上下均设塔脖
并带齿饰的圆形平台，顶部以相轮及焦蕾结束。

　　建于1196年国王那罗波帝悉都统治时期的达马亚
齐卡塔庙可视为形制特殊的后期实例，位于蒲甘东面
的这座大塔平面如凸面五边形，每边均出一座小圣
堂，基台三层，饰有彩陶嵌板（图3-269~3-273）。

三、后蒲甘时期

　　与曼德勒隔江相望的实皆曾短期为缅甸首府（14
世纪早期及1760~1764年），也是重要的宗教中心
（图3-274）。位于城市主要山头上的乌敏寺建于10
世纪，是座极为独特的建筑，月牙形的柱廊部分深入
山体内，内置45尊佛像（图3-275、3-276）。目前城
市中最华丽的寺庙是1312年由大臣邦尼亚出资修建并

（上）图3-313谬乌 朗布万
布劳格塔（1525年）。立面
全景

（下）图3-314谬乌 朗布万
布劳格塔。近景

（上）图3-315谬乌 帕拉乌格塔
（1571年）。立面全景

（下）图3-316谬乌 帕拉乌格塔。山
面雕饰细部

（上）图3-317谬乌萨贾曼昂塔（1629年）。主塔，东南侧景观（塔群位于方形台地上，台地每边布置4座，总共12座小塔围绕着中央主塔）

（下）图3-318谬乌萨贾曼昂塔。主塔，西侧全景（右侧可看到台地边的小塔）

得名的邦尼亚塔（图3-277~3-279）。

　　缅甸西部城市谬乌在1430~1785年曾为谬乌王国的都城（图3-280~3-282）。位于市中心的宫殿建于1430年。1997年的发掘表明，宫殿之后至少两次扩建（16世纪中叶和该世纪末）。在354年期间，共有49位国王住在这里。遗址本身由三个台地组成，最高和

（上）图3-319敏贡 大佛塔
（始建于1790年）。东南侧全景

（中）图3-320敏贡 大佛塔。
西北侧景观

（下）图3-321敏贡 大佛塔。
南侧现状

最低台地高差29米。最早的外围墙砖砌，以后用砂岩加固。最后的墙体基部厚2米，顶部1.5米。位于山头上的内城所围面积约2平方公里。缅甸宫墙一般均有12座大门（每面3座），谬乌宫殿想必也是如此，但目前仅通向第二道围墙东南角的门尚有遗迹可寻，其

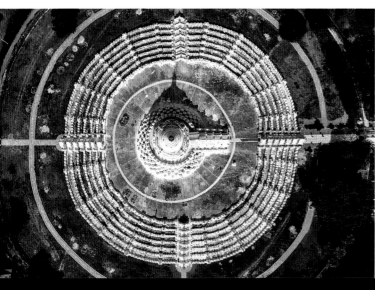

他均待发掘。木构宫殿本身已荡然无存，仅留基础残迹（图3-283、3-284）。

王宫遗址附近，尚有大量的寺庙遗存。位于王宫区附近的八万佛像庙（亦称胜利庙）由国王敏宾（1531~1554年在位）建于1535~1536年，它和之后（1553年）他儿子建造的九万佛像庙，均因内部安置的大量佛像而闻名。前者位于王宫北面，建筑形体坚实浑厚，宛如城堡。拱顶廊内尚有几层精美的高浮雕（图3-285~3-290）。后者位于王宫东面约2.5公里处，石构墙体及台地长宽分别为76米和70米，为城市最大建筑。在弃置几个世纪之后，1996年开始进行发掘清理和部分复原（图3-291~3-295）。位于八万佛像庙西北角的佛牙祠，1515~1521年初建时为戒堂，1534~1542年进行了一次整修，之后（1596或1606~1607年）为收藏来自斯里兰卡的佛牙扩建成寺庙（图3-296~3-299）。同样位于八万佛像庙西北角的四面塔，完成于1430年，四个正向入口对着绕中央柱墩布置的8尊坐佛（图3-300~3-303）。建于1571年的杜甘登塔庙和城市其他佛教寺庙一样，具有城堡-寺庙的双重职能，尽管其名称（Dukkanthein）中的"thein"意为"戒堂"。整个组群位于高台上，只有单一的入口，外墙辟小窗。据考古学家埃米尔·福希哈默尔博士的考证，寺庙可能是在战时用作佛教社团的避难处。主塔为一砂岩砌造的穹顶建筑，上部砖构，基部设方窗，使拂晓时的阳光可直射到位于中央拱顶下的主要佛像。主塔周围四角另立较小的窣堵坡。建筑内部共有180尊佛像，除中央拱顶房间一尊外，其他179尊均布置在廊道龛室内。内廊里梳各种发型的女性雕像，可能是表现贵族妇女（图3-304、3-305）。位于王宫北面、佛牙祠及八万佛像庙附近

本页及左页：

（上两幅）图3-322敏贡 大佛塔。北侧近景

（右下）图3-323敏贡 大佛塔。东侧近景（从门口坐着的人可看出建筑的尺度）

（左中）图3-324敏贡 大佛塔。东门近观

（左下）图3-325敏贡 白象塔。空中俯视全景

的积宝塔,建于1612年。因传其中藏有黄金、珍宝而名。建筑因地震和战争多次受损,但其中并没有发现任何贵重物品,因而所谓宝藏可能仅指精神方面而非物质层面。用砂岩和砖砌造的中央窣堵坡(主塔)为一高61米、粗壮坚实的覆钟式实心结构。没有入口,也没有任何装饰、龛室或佛像。只有四尊石雕的护卫兽(Chinthes,音译"钦特",一种貌似狮子的神话动物,亦有译为"狮鹫"的)。中央窣堵坡周围另有17座小塔。外部八角形围墙入口朝南。组群二战期间被炸,严重损毁,现已按原样全部复原(图3-306~3-309)。建于

左页：

（上）图3-326敏贡 白象塔。地段俯视全景（自北面望去的景色，前方可看到大佛塔残迹，左侧为伊洛瓦底江）

（下）图3-327敏贡 白象塔。现状全景（布置在七层台地上的波浪状拱券围绕着象征须弥山的中央大塔）

本页：

图3-328敏贡 白象塔。主塔，基座边的回廊及小塔

1433年王朝第二任国王期间的尼杜祠实为一座粗壮敦实的窣堵坡，就在早几年王朝创始人建造的四面塔附近（图3-310、3-311）。其他值得一提的还有齐纳曼昂塔（位于老宫遗址区南侧一座山上，建于1652年，平面八角形，图3-312）、朗布万布劳格塔（1525年，图3-313、3-314）、帕拉乌格塔（1571年，图3-315、3-316）和萨贾曼昂塔（1629年，图3-317、3-318）。

图3-329敏贡 白象塔。台地，波浪状
拱券及通道小塔近景

位于缅甸中部城市敏贡的大佛塔系由缅甸最后王朝——贡榜王朝（1752~1885年）第六任国王波道帕耶修建。波道帕耶（《清史稿》称"孟云"）在位37年（1782~1819年），其任内是缅甸国力最强时期。当时世界最高佛塔为泰国曼谷的佛统大塔（高约130米）。为了展示国力，波道帕耶下令在伊洛瓦底江畔建造一座高160米的巨塔。

这座世界最大的砖构佛塔于1790年动工。参与兴建的除大量烧砖的窑工和工匠外，还有数千的战俘和奴隶。造塔给国家和民众造成了沉重的负担，以致民间传称："大塔完成之日，即国家灭亡之时"。到1819年波道帕耶死时，工程只完成了三分之一便告中止。尽管如此，高50米、宽72米的砖造塔基和塔前的巨型

护塔石狮看上去仍然蔚为壮观（图3-319~3-324）。由于接连遭到地震（特别是1838年的大地震）的破坏，塔身多处出现裂缝，逐渐荒废。

同在伊洛瓦底江西岸，位于大佛塔北面不远处的所谓白象塔，系1816年贡榜王朝国王巴基道（实皆王，中国史料称弗极道或孟既，1819~1837年在位）为纪念他因难产去世的第一任妻子（欣毕梅公主，白象公主，1789~1812年）而建。中央大塔象征须弥山，周围七级佛塔及波浪形连拱象征须弥山外围的七重金山与七重香海（图3-325~3-329）。尽管建筑规模不是很大，但由于通体白色，造型别致、优雅，加上周围的壮美景色，给人的印象相当深刻。

第三节 城市及宫殿

缅甸历代都城一般均筑有城墙，并以护城河环绕，如直通城[公元前4世纪~公元11世纪中叶统治缅甸南部的孟族直通王国（Thaton Kingdom）的都城]、室利差呾罗（3~10世纪，骠国的最后一座都城）、蒲甘城（1044~1287年的蒲甘帝国都城）、勃固旧皇城（6~16世纪）及曼德勒城（1856~1885年，

（上）图3-330阿瓦（因瓦）巴加亚寺（位于今曼德勒城西南约18公里处，始建于1593年，毁于1821年大火，现建筑系按老寺模型重建）。主祠，现状（全部由柚木建造）

（下）图3-331阿瓦 巴加亚寺。塔楼（位于主祠东侧）

本页：

（上）图3-332阿瓦 巴
加亚寺。内景

（下）图3-333阿瓦 马
哈昂梅邦赞寺。西南
侧，俯视全景（背景为
伊洛瓦底江）

右页：

（上）图3-334阿瓦 马
哈昂梅邦赞寺。东北
侧，俯视全景

（下）图3-335阿瓦 马
哈昂梅邦赞寺。祭拜
堂，西南侧外景（远方
尖塔处为主要祠堂）

（上）图3-336阿瓦 马哈昂梅邦赞寺。祭拜堂，屋檐细部

（下）图3-337阿瓦 马哈昂梅邦赞寺。主祠，东北侧景色

（上）图3-338阿瓦 马哈昂梅邦赞寺。主祠，入口近景

（下）图3-339阿瓦 马哈昂梅邦赞寺。东区，主塔，西侧景观

贡榜王国都城）。阿瓦城[1364~1555年统治上缅甸的阿瓦王国（Kingdom of Ava）的都城]则借助城址两边的河流，形成天然护城河[城市遗存：巴加亚寺（图3-330~3-332）、马哈昂梅邦赞寺（图3-333~3-340）、莱达基庙（图3-341、3-342）、窣堵坡（图3-343）、杜枝安塔（图3-344）]。在1859年贡榜王朝迁都曼德勒前，曾两度以位于现曼德勒城南面11公里处的阿马拉布拉为都城（1783~1821年和1842~1859年）。城内宫殿虽已拆除，但尚存窣堵坡、寺院及僧伽蓝等遗存（王宫：图3-345~3-347；金宫寺：图3-348~3-353；其他遗存：图3-354~3-358）。在建有城墙的都城，城门多为12座，如蒲甘城（主门朝东，城门两侧神龛内安置守护神像）、阿瓦及曼德勒城。皇城和王宫通常均位于城市中心，如直通城（市中心宫殿和城墙之间立两座塔楼）、室利差呾罗（皇城居中）、阿瓦（宫殿位于皇城中心）、勃固旧皇城（王宫位于市中心）、曼德勒城（皇城居中）。勃固旧皇城和曼德勒皇城更按胎藏界曼荼罗图式规划，平面取严格的方形。

但由于这些王宫均采用不耐久的材料修建，全都没有留存下来。继蒲甘王朝之后，缅甸又经历了

左页：

（上）图3-340阿瓦 马哈昂梅邦赞寺。东南区，各塔现状

（中）图3-341阿瓦 莱达基庙（18世纪）。近景（室外精美的灰泥装饰是阿瓦后期宗教建筑的一大特色）

（下）图3-342阿瓦 莱达基庙。灰泥装饰细部

本页：

（上下两幅）图3-343阿瓦窣堵坡。遗存现状（上图组群位于城市外墙内，其中有的可上溯至蒲甘时期）

东吁和贡榜两个主要王朝。目前留存下来的主要宫殿曼德勒皇宫即属最晚后的贡榜王朝（Konbaung Dynasty）。

宫殿所在曼德勒城和前朝缅甸都城阿瓦、阿马拉布拉，均位于伊洛瓦底江东岸（图3-359）。

城市总平面表现出元世祖忽必烈（1215~1294年，1260~1294年在位）时期北京的特色，同时承继了缅甸的传统防御体系。整座城市具有两套城防系统，外围由砖砌城墙和护城河组成（图3-360）。护城河宽64米，深4.5米；城墙每面长2公里（底部厚3米，至

本页:

(上)图3-349阿马拉布拉
金宫寺。侧面全景

(下)图3-350阿马拉布拉
金宫寺。屋檐近景

右页:

(上)图3-351阿马拉布拉
金宫寺。山墙近景

(下)图3-352阿马拉布拉
金宫寺。屋脊及屋檐装饰
细部

本页及右页：

（左）图3-353阿马拉布拉 金宫寺。内景（佛像宝座雕饰丰富并饰有镜面，宝座及高大的柚木柱均包金，以体现"金宫"之名）

（右上）图3-354阿马拉布拉 帕托道基窣堵坡（位于城墙外，建于1816年）。基台近景（角上布置小窣堵坡，基台大理石板上的雕刻表现佛陀本生故事）

（右下）图3-355阿马拉布拉 特塔寺。遗存现状

（中上）图3-356阿马拉布拉 巴加亚寺（僧伽蓝，1834年）。现状

顶上缩为1.47米，高6.86米），四角立棱堡，每边设主门一座、侧门两座，正门朝东（额首门）；沿墙每隔169米立一带尖顶的棱堡，共计48座。内部皇宫贝由柚木围栏及砖墙围护。城墙内总用地分成144个方格网，宫殿组群占据了中心处的16个方格。

宫殿工程始于1857年，即国王敏东创建曼德勒新都之时。由于1852年第二次英缅战争损失惨重，当局已无力再建新的奢华宫殿，遂将原都城阿马拉布拉宫殿拆卸后用大象运至曼德勒山下的新址重新组装，工程于1859年完成。整个宫区长306米，最大宽度175米。

二战期间宫区被日本人用作库房，因此遭到盟军轰炸，仅存王室铸币厂及瞭望塔（图3-361）。现宫殿系1989～1996年缅甸政府根据历史图片及资料在原址上重建（图3-362~3-365）。原宫殿为柚木结构，重建时用了一些近代材料（特别是混凝土）。

（上）图3-357阿马拉布拉 基考克陶基塔（1847年）。外景（以阿难陀寺为样本，虽效法蒲甘的印度设计模式，但全部由缅甸建筑师完成；四座门廊均饰有壁画，表现各种风格的宗教建筑，具有很高的价值）

（下）图3-358阿马拉布拉 基考克陶基塔。壁画：窣堵坡

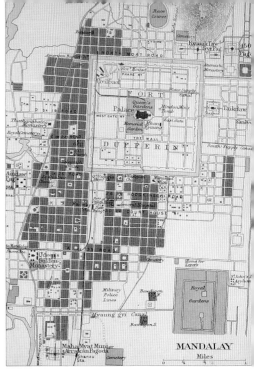

（左上）图3-359缅甸 古都位置示意（其中因瓦自1365至1842年曾五次为都，历时近360年；阿马拉布拉曾于1783~1821年和1842~1859年两度为都；此后都城移至曼德勒，直至1885年）

（右上及下）图3-360曼德勒古城。总平面（1911年）及现状卫星图

位于平台上由大量单层建筑组成的王宫主入口朝东，分外朝、内宫两部分。外朝又由东、西两区组成。其中东区是国王处理朝政的地方。主要建筑沿东西轴线布置，自东向西依次为：大觐见殿（麦南堂）、狮子御座殿、胜利殿、王冠殿、玻璃宫（琉璃宫）。西区的百合御座殿和皇后觐见殿可视为国王觐见殿和狮子御座殿的缩小版，同样位于东西轴线上（见图3-362）。内宫位于东西外朝之间，是皇后、嫔妃、公主及宫女们的住所，建筑从东向西按照等级由高到低布置。位于东西轴线上的皇后寝宫起着统领全局的作用。皇宫内没有专门的王寺，仅在皇宫东南，外圈城墙内有一座1874年为国王锡袍修建的寺院（见图3-360卫星图中A）。

外朝东区主要建筑所在平台又可细分为三部分：

本页及左页:

(左上) 图3-361曼德勒 皇宫。王室铸币厂及瞭望塔,现状(瞭望塔圆柱形的塔身配有外部螺旋楼梯和缅甸风格的顶塔)

(中上及右上) 图3-362曼德勒 皇宫。总平面布局及卫星图,图中:1、大觐见殿(麦南堂);2、狮子御座殿;3、胜利殿;4、王冠殿;
5、玻璃宫(琉璃宫);6、皇后寝宫;7、百合御座殿;8、皇后觐见殿;9、茶室;10、国库;11、瞭望塔

(下) 图3-363曼德勒 皇宫。俯视全景(向北望去的情景)

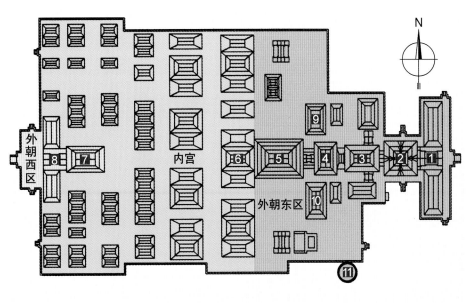

（上两幅）图3-364曼德勒 皇宫。宫墙及护城河（左图对景为曼德勒山）

（下）图3-365曼德勒 皇宫。宫墙及角楼，近景

（上）图3-366曼德勒 皇宫。由柚木短柱支撑的架空地板

（下）图3-367曼德勒 皇宫。大觐见殿（麦南堂）及狮子御座殿，西南侧，俯视景色

东面一组（大觐见殿及狮子御座殿）及西面一组（皇后寝宫及玻璃殿），均立在砖墙围合的土筑平台上；狮子御座殿及玻璃殿之间则是位于同一高度的木地板（由大量柚木短柱支撑；图3-366）。平台高约2米。周围挡土墙自地面起高3米，形成平台上高1.2米的栏墙。平台周围布置了大小31个台阶。

图3-369曼德勒 皇宫。狮子
御座殿，西南侧景色

位于宫殿平台东面入口处的大觐见殿（麦南堂），面对自城墙东门开始，穿过钟塔及遗物塔之间的大道（图3-367、3-368）。它本身又分为三部分，即中央觐见殿（内置栏杆围绕朝东的御座）和南北两个觐见殿，建筑南北方向总长达77.1米。在山墙及角上大量采用程式化的孔雀作为王权的象征。除镀金外，还用了玻璃马赛克。

位于中央觐见殿后的狮子御座殿为宫中八个御座厅中最大和最华丽的一个（其御座由狮子雕像支撑）。它不仅是宫中最引人注目的建筑，上部七层塔式屋顶的尖塔还是城市中心的标志（图3-369）。更有人认为其造型系仿须弥山（Sumeru，Sineru，Mahameru，又译妙高山），城墙外围的护城河象征大海，以此体现印度教和佛教的宇宙观。

位于宫区中心的玻璃宫（琉璃宫）为宫中最大和最华丽殿堂之一，曾是国王敏东的主要起居处所（图3-370~3-372）。内部由木隔断分为两个厅堂：东面为御座厅，是安置御座（称蜜蜂宝座，因基座底部小龛内饰有蜜蜂形象而得名）和接见朝臣的地方；西面是国王的寝宫兼供先皇牌位，曾分为七个小间（只有少数得宠的王后和妃子可住在这里）。宫前广场东侧为国库（图3-373）。

王宫内的建筑除狮子御座殿平面为正方形、瞭望塔为圆形外，其余建筑均为矩形，主入口多在东侧。宫内除少数采用西方风格（如武器库等）外，皆用缅甸传统风格。后者更多地体现在屋顶形式上。大量采

本页：

（上）图3-370曼德勒 皇宫。玻璃宫（琉璃宫），平面

（下）图3-371曼德勒 皇宫。玻璃宫，地段俯视（向西北方向望去的景色）

右页：

图3-372曼德勒 皇宫。玻璃宫，南立面全景

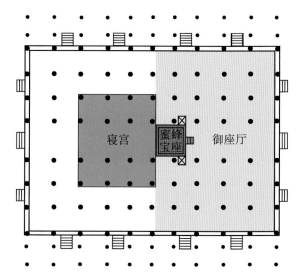

寝宫　蜜蜂宝座　御座厅

用的塔式屋顶（pyathat）由数层逐渐缩小的木构四坡屋顶组成（一般为奇数层，通常三至七层，三层称yahma，五层称thooba，七层称thooyahma），原为孟族建筑特有的这种形式，很快成为最具缅甸特色的建筑要素之一。平面矩形的底层由柱网支撑；屋顶各面中部设类似老虎窗的山墙结构（lebaw），屋檐及山墙四角采用上翘的孔雀造型（由镀金的金属薄板制作）；尖顶部分类似锡兰佛塔，由宝伞等部分组成。

这类塔式屋顶主要用于缅甸的佛教及王室建筑（如狮子御座殿），并作为御座、城门等处的造型要素（如曼德勒王宫的瞭望塔，圆筒状并配螺旋台阶的塔身为西方形式，但顶部用了塔式屋顶，显然在这里它已成了一种民族形式的建筑符号）。屋顶重檐数进一步成为建筑等级及重要程度的标志，最高级的如玻璃宫（国王寝宫）采用五层重檐。屋檐普遍出挑很大，既能保护墙身免遭雨水冲刷，同时又具有很好的遮阴效果。

主入口大多设在山墙立面。人字形屋顶可按屋脊方向对称布置重檐，亦可在侧面布置重檐。东部皇家建筑区山墙、博风板及屋檐板均饰浅浮雕图案花纹并贴金。水平屋檐角上由两块近似三角形的木板相交而成，饰程式化的孔雀图案（象征王权，如大觐见殿、王后觐见殿和某些亭阁，如图3-373所示）。同样的母题亦用于山墙两端及顶部。在这些重点部位（博风板和檐角），顶部均采用类似火焰的尖头造型，极富动态和活力，成为立面装饰的亮点。山面出檐中间往往还设一水平相接板枋，其中心部位饰有椭圆形的木雕（见图3-368）。在主要建筑屋顶上尚有白色小棚屋（hngat-hkat-tes，图3-374），供驱赶鹰鹫的卫士居住（鹰鹫降落在屋顶上被认为是不吉利的征兆）。

由于王宫内建筑均为单层，为了创造宏伟的效果，大多将几栋建筑组合在一起。如王宫东西两个入口，就是通过两侧横向伸展的厅堂及后方高耸的御座殿组成壮观的组群：东侧麦南组群（Mye-Nandaw，见图3-367）

包括中部及南北两侧的三个觐见厅及后面带七层塔顶的狮子御座殿；西部组群采用类似形式，由南北大厅、中央大厅和后面的百合御座殿组成"T"字形的平面，只是御座殿顶部没有采用塔式屋顶。当两三个单体建筑于南北向长边组合时，每个均以东西向山墙为主立面并设独立出入口（相邻建筑屋檐处另作排水处理）。三个单体组合时，中央建筑体量最大，形体也最为复杂；两个单元组合时则距主轴线较远的作为主要形体。

王宫里大多数联系通道及部分建筑前半部分都是敞开的，仅靠柱子和雕制精美的栏杆划分空间。室内很多也借助隔墙、柱子及栏杆分隔，以满足不同功能的需求和创造虚实变化的效果。例如，玻璃宫就是由南北向隔板分成两部分（见图3-370）。柱子以圆柱为主，柱身无收分，柱头多为莲花造型。为了支撑巨大的挑檐，往往于建筑四角设斜撑柱，形成宫区的一个独有特色（图3-375）。

本页：

（上及左下）图3-373曼德勒 皇宫。国库（位于玻璃宫前广场东侧），现状

（右下）图3-374曼德勒 皇宫。屋顶正脊上的白色棚屋

右页：

图3-375曼德勒 皇宫。支撑挑檐的斜撑

在国王敏东统治时期，宫内依照建筑等级，采用了三种色彩装饰方案：国王及王后使用的建筑除屋顶外全部刷成金色；次级的部分金色；其他建筑全部漆成红色。重建时，除东部王宫建筑使用金色外，其余均用红色及白色（建筑内部亦漆白色）。

第三章注释：

[1]密教（Tantric Buddhism），秘密大乘佛教，又名金刚乘，为大乘佛教的一个支派，在印度笈多王朝时期兴起。由于在修行方式上包含许多秘密传授，故名。相对于密教，之前的佛教流派包括其他的大乘佛教、上座部佛教，均称显教。

[2]见CRUICKSHANK D. Sir Banister Fletcher's a History of Architecture. Architectural Press，1996。

[3]见谢小英. 神灵的故事：东南亚宗教建筑. 南京：东南大学出版社，2008年。

[4]另据Mario Bussagli为1091年。

[5]见MURARI K. Cultural Heritage of Burma. Stosius Inc/Advent Books Division，1985。

[6]见Department of Modern Indian History. Journal of Indian History. 1971，Volume 49。

[7]贡榜王朝（Konbaung，1752~1885年），为缅甸最后王朝。

[8]同注[3]。

[9]建造年代据Banister Fletcher和Mario Bussagli，现场标示牌为1268年。

[10]本生（Jātaka），音译阇多伽、阇陀，又称佛说本生经、生经、本生故事，是记录佛陀尚未成佛的前生故事。

[11]狮鹫（leogryphs），一种类似狮子的动物，经常以成对方式出现，用作守卫。

第四章 泰国

第一节 历史及文化背景

一、早期

真正意义上的暹罗历史实际上只是始于13世纪，即湄南河中游的泰族人（Thais）成功地摆脱高棉的统治在素可泰创建自己的第一个王国之时。但考古学的证据使我们有可能部分还原早期的历史，对于追溯暹罗艺术和文明的形成来说，其重要性和意义自然是不言而喻。

[堕罗钵底王国]

6世纪中叶以后，日渐衰落的扶南帝国（Funan Empire）从湄南河流域退回到今柬埔寨境内。生活在

图4-1佛统 出土佛教文物：石雕法轮及鹿（7~8世纪；法轮高1.05米，鹿高27厘米；法轮代表佛教教义，鹿则象征佛陀开始布道的鹿园；曼谷泰国国家博物馆藏品）

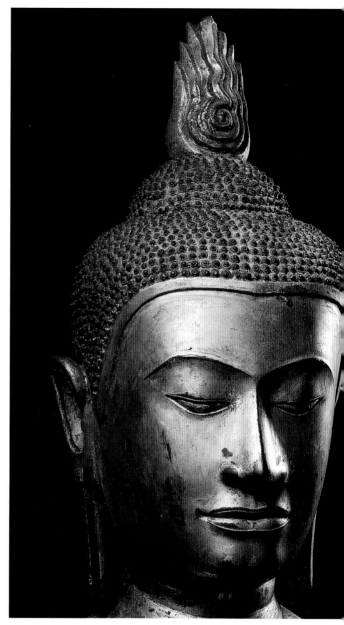

本页：

（左右两幅）图4-2乌通 出土文物：佛陀铜像（左、14~15世纪，高70厘米，身躯和头顶火焰饰均呈修长的比例；右、头像，13~14世纪）

右页：

（上下两幅）图4-3锡贴（西泰布，碧差汶府）历史公园。现状景色（尚存庙塔大都砖砌，立在石构基台上；塔身植被均经清理）

湄南河流域及三角洲地带的土著民族、信奉上座部佛教（Theravada Buddhism）的孟人在摆脱扶南人的控制后，于6世纪在今泰国中部及北部建立了第一个独立国家——堕罗钵底王国[Dvaravati Kingdom，另译陀罗钵地，意为"多门（城门）之国"]。虽说人们可以大致勾勒出当时的历史背景，但对堕罗钵底王国

的行政管理及这一时期暹罗艺术发展的状况所知甚少，很可能它只是一个分散的多城邦联盟而非中央集权制国家。有证据表明该王国并非由单一的民族组成，除孟人外，很可能还包括马来人和高棉人（当时的泰族人尚未迁移进入这一地区）。

堕罗钵底王国存续的6~11世纪，大致相当于中国

的隋唐至北宋时期。当时中国的学者和僧侣已经知道这个国家，并根据其国名读音，译为堕罗钵底、杜和钵底、堕和罗、投和等。

唐朝名僧玄奘在《大唐西域记》里曾提到堕罗钵底国，并指其位置在室利差呾罗国之东，伊奢那补罗（今柬埔寨）之西。但玄奘本人未必亲临该国，可能只是在当时的佛教中心印度得知这个国家。唐朝另一位高僧义净于671年从广州出发，经海路到达印度，在那烂陀寺学习了10年，于695年返回洛阳。义净的著作《南海寄归内法传》也提到了堕罗钵底国，只是称其为杜和钵底国[1]。唐德宗贞元十七年（801年）杜佑撰《通典》卷188中亦有关于堕罗钵底国的详细记载。

堕罗钵底王国的领土东至法代，南抵枯磨城[靠近叻丕府（拉差武里）]，北至哈利班超王国[2]。统治中心位于湄南河下游地区。

堕罗钵底文化和宗教的发展同样以湄南河下游为中心，西北方向深入到哈利班超（骇黎朋猜，1117年改称南奔），北至碧差汶府，东北至加拉信府，东南至呵力高原一带，南边至北大年府。建筑形式上深受

缅甸佛教建筑的影响，但留存下来的古迹严格说已属后堕罗钵底时期。已知王国最早的都城为华富里，但在那里，除了能提供某些平面信息的基础残段外，没有任何可推测其建筑风格的遗迹留存下来。以砖石砌筑的这些基座的线脚类似公元头一千年次大陆（自斯里兰卡直到印度北部）的佛教建筑，花岗石的基础上凿有立柱子的榫眼，想必是支撑着上部的木结构建筑。之后的国都佛统具有悠久的小乘佛教文明（图

4-1），其名（Nakhon Pathom）来自巴利文 "Nagara Pathama"，意为"第一座城市"。一般认为它是泰国最古老的城市，已发现早于泰族时期的婆罗菩提国的考古遗迹（6~11世纪）。枯磨和乌通古城亦为堕罗钵底艺术和建筑的重要遗址（图4-2）。其他如碧差汶府的锡贴（西泰布，图4-3、4-4），加拉信府的发哒孙阳，呵叻府的社玛和北大年府的雅朗古城，也都发现了孟族-堕罗钵底（Mon Dvaravati）时期的艺术作品。

堕罗钵底王国持续了500年。到11世纪，在被吴

图4-4锡贴 出土文物：毗湿奴立像（8世纪，高96厘米，曼谷泰国国家博物馆藏品）

（上）图4-5布央谷（吉打州）布吉巴杜巴哈庙（约7世纪）。遗址，西南侧全景

（左下）图4-6布央谷 布吉巴杜巴哈庙。遗址，东南侧现状

（右下）图4-7布央谷 布吉巴杜巴哈庙。上部结构想象复原图（取自DUMARÇAY J，SMITHIES M. Cultural Sites of Malaysia，Singapore，and Indonesia，1998年）

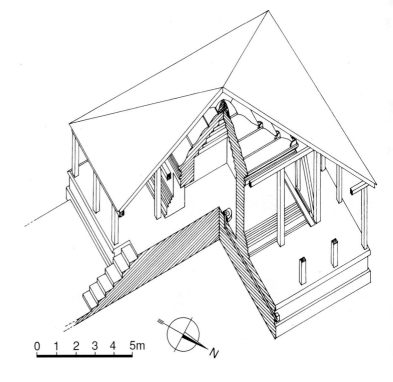

哥帝国的苏利耶跋摩一世征服以后，堕罗钵底文化仅在哈利班超（南奔）得以保持，一直延续到13世纪。

[罗涡王国及高棉帝国]

继堕罗钵底王国之后兴起的罗涡王国（Kingdom of Lavo，另译拉沃，450~1388年），位于今以华富里为中心的地域；早期都城为罗涡，1087年后迁至大城（阿育陀耶）。

9~13世纪，泰国中部及东部大部分地区都处在吴哥的高棉帝国统治下，被巴尼斯特·弗莱彻称为高棉-华富里（孟-高棉）时期[Khmer-Lopburi（Mon-

（左上）图4-8猜亚 玉佛寺。遗址现状（为已知属室利佛逝时期的少数建筑之一；十字形的砖构主体系按爪哇模式，但上部结构类似占婆塔楼）

（右上）图4-9猜亚 马哈塔寺。现状景色

（下）图4-10猜亚 马哈塔寺。佛像

图4-11那空是贪玛叻马哈塔寺。东北侧景色（围墙外）

Khmer) Period]。实际上，在9~10世纪，国家已开始了逐渐"高棉化"的进程（即以占绝对统治地位的高棉文化替代原有的地方传统），这一进程在11世纪，当暹罗的孟族国王苏利耶跋摩一世登上高棉帝国吴哥王朝的王位时达到顶峰（1006~1050年在位的这位帝王被视为这个由多民族组成的帝国最强有力的统治者之一）。这时期的建筑被视为高棉-吴哥建筑风格的地方表现，同时也反映了缅甸南方孟族（Talaings）的早期建筑传统和他们引进的异教建筑要素。不过，尽管高棉的影响占据统治地位，暹罗仍然是小乘佛教最正统的中心，其信仰是如此之强，即便领土被高棉国王征服和吞并，小乘佛教仍然有所表现。遗憾的是，这时期的大多数建筑均处于残墟状态，只是在华富里和素可泰尚可见到保存较好的遗迹。高棉人引进了石材的运用，并以此取代了用植物粘合剂砌筑砖和碎石的传统做法。最近对泰国中部佛统府附近遗迹的研究，使人们开始对少数大型砖构建筑群有所了解。对这时期（11~12世纪）的艺术，我们同样知之甚少，唯一能肯定的是，其题材和灵感，都是来自佛教。

[马来半岛]

7世纪前，泰国南部的马来半岛（Malay Peninsula）主要是孟族人的天下。半岛上最早的孟族国家是顿逊，但它已于2世纪末~3世纪初被扶南征服。当扶南衰退、真腊勃兴之时，顿逊五王[3]（盘盘、哥罗、狼牙修、赤土和丹丹）相继独立，五国皆位于马来半岛的北部，之后逐渐向南发展，至7世纪势力已达马来半岛南部。

自《梁书》卷五十四各国传中可知，盘盘当信佛教（"中大通元年五月，累遣使贡牙像及塔，并献沉檀等香数十种。六年八月，复使送菩提国真舍利及画塔，并献菩提树叶……"）；狼牙修已有砖构城墙及楼阁建筑（"其国累砖为城，重门楼阁"）。曾长年居住在马来西亚的英国历史学家理查德·奥拉夫·温斯泰德（1878~1966年）提到，在威尔斯省出土的一块5世纪的碑铭上刻有一座覆钵为圆形上置华盖的窣堵坡，边上有"居罗旦帝迦大航海者佛陀笈多（献）"的字样。罗旦帝迦即赤土国，可见赤土国同样信奉佛教，其窣堵坡与印度桑吉的类似。

半岛北部吉打州莫柏附近的布央谷是古代室利佛逝王国[4]的重要遗址，四周遍布历史遗迹。在这里发现了一座约建于7世纪的湿婆教神庙遗迹——布吉巴杜巴哈庙（图4-5~4-7）。这是一座坐西朝东的砖构建筑，几乎没有任何装饰。主殿及所在基台平面均为方形，基台每边六柱，殿堂每边四柱，仅留柱

本页：

（上）图4-12那空是贪玛叻 马哈塔寺。东南侧
现状（围墙外）

（左下）图4-13那空是贪玛叻 马哈塔寺。主塔
（窣堵坡，斯里兰卡风格）及小塔

（右下）图4-15那空是贪玛叻 马哈塔寺。内
景，天棚仰视

右页：

图4-14那空是贪玛叻 马哈塔寺。主塔近景

础，从榫眼可知最初应上承木柱。东侧出另一低矮
平台，同样每边有六个柱础并有内柱，想必是寺庙
的前厅[5]。

在马来半岛，其他属室利佛逝时期的建筑尚有猜
亚的玉佛寺（图4-8）、马哈塔寺（图4-9、4-10）和
那空是贪玛叻的马哈塔寺（图4-11~4-15）。后者建

于那空是贪玛叻城市初创时期，是泰国南部最重要的寺庙（内藏佛牙）。采用斯里兰卡风格的主塔高78米，周围布置了173座小塔。大塔基部的廊道里饰有许多佛像和自塔体上隐出的象头，大塔之南布置戒堂。建筑于2009年进行了粉刷更新。

二、兰纳王国与素可泰王国

[兰纳王国]

13世纪高棉王国的吴哥王朝开始没落，西部缅甸的蒲甘王朝亦因蒙古人入侵遭到重创，与越南人（Vietnamese）同族的泰族（Thais）地方势力趁机崛起，在摆脱吴哥统治后，成为暹罗地区的新统治者，组成了以泰族为主体的民族国家[6]。在13世纪下半叶形成的几个王国中，最重要的是曾控制泰北地区的兰纳王国与南方的素可泰王国。

兰纳王国（Lan Na Kingdom）成立于1292年，中国元代称之为八百媳妇国，明代称八百。其创建者为傣阮族头人孟莱王。在国王格那（1355～1385年在位）统治时期，王国进入繁荣盛期并持续了200年之久，直到1558年，为缅甸东吁王朝征服。

以清迈为中心（清迈地区后来一直与暹罗其他地区有别）的兰纳王国，在很大程度上仍然受到印度及高棉文化的影响（如宗教建筑室内狭窄，以体现胎室的理念）。在暹罗完成最后的统一之前，模仿僧伽罗建筑的兰纳风格是泰王国各种地方流派中最值得注意的一朵奇葩。

[素可泰王国]

位于兰纳王国南部的素可泰王国（Sukhothai Kingdom，1238~1438年）被视为泰国历史上第一个独立王国（1238~1438年），在泰国文化史上占有重

要地位。其首都素可泰位于泰国中央平原，曼谷以北427公里，意为"快乐之始"。该城原为吉蔑人（高棉人）管辖范围，在非信史年代，传说素可泰王国的创建者是1208年登基的神话英雄帕銮王。他是那伽女神与一位国王的儿子，具备大智大勇及法力，深受百姓爱戴。但目前历史学家公认的说法是，1238年两名泰族将领坤邦钢陶及坤帕满成功宣告独立，建立素可泰王国帕銮王朝（Phra Ruang Dynasty，1238~1438年），坤邦钢陶旋即被拥立为首任君主，称室利·膺沙罗铁（1238~1270年在位）。

在素可泰王国的初期发展史上，王朝第三任国王兰甘亨大帝（约1239~1298年，1279~1298年在位，中国史称敢木丁）起到了很大的作用。兰甘亨是王朝创始人室利·膺沙罗铁之子，在王朝第二任国王、其

兄班孟于1278年去世后继位。兰甘亨19岁时曾随父与功德城的君主沙木槎作战。当士兵战败而逃时，只有兰甘亨一人驱赶战象，坚持战斗，结果转败为胜。因而他父亲给他命名为甘亨，即勇敢的意思。后人称他为坤兰甘亨，是因为坤是素可泰时期对国王的称呼，兰是梵文"伟大"之意，坤兰甘亨意即"勇敢而伟大的君主"。正是在他的治理下，国家开始了统一的进

左页：

图4-16素可泰风格的佛像（头部，14世纪，曼谷泰国国家博物馆藏品）

本页：

（左）图4-17素可泰时期的陶俑

（右）图4-18素可泰出土印度神像

文加以改造，于1283年创制了泰语（正式的名称是暹罗语）。这时期的素可泰遂被称为"暹罗文明的摇篮"。

长期受孟族高棉文明熏陶并信奉上座部佛教的泰族人在征服这个国家之后，便开始推广自己的封建体制。社会-政治结构的这些变化不可避免地在艺术领域得到反映。这一时期的首领不仅是家族、属臣和为之服兵役的自由民的头目，同时也具有宗教的权威，并借此进一步巩固其政治权力。在这一点上，和中国封建社会的所谓"君权神授"理论或许有一定的关联。由此形成的君王崇拜和对被神化的高棉国王的尊崇颇为相似。可能正是出于这样的理念，国王兰甘亨在素可泰附近的一座山上，立了一座"至尊君王"的雕像，俯视着王国的芸芸众生。

不过，素可泰艺术和建筑与其说是一种创新，不如说是用一种和谐和折中的方式，采用印度、孟-达罗毗荼（Mon-Dravidian）、孟-异教、僧伽罗和高棉的母题（图4-16~4-18）。正是从这种多样化的题材中，产生出某种独具的泰国特色。这在典型的佛教寺庙组群（称wat，通常都建在一个平台上）里表现得尤为明显。中央祠堂内安置巨大的佛像，像前高高的屏墙上辟一狭窄的拱形开口，通过它可看到佛像和进行朝拜。在可通过柱厅抵达的祠堂上方，立一尖塔（有些类似清真寺的宣礼塔）。周围通常为矩形的窣堵坡支撑着类似细高的顶饰。

三、阿育陀耶（大城）王朝

兰甘亨死后，素可泰迅速衰落。泰国南方以大城府为中心的华富里府泰族人的阿育陀耶王朝（Ayutthaya Kingdom，大城王朝，1351~1767年）迅速崛起。其创立人拉玛铁菩提一世（1315~1369年，1351~1369年在位）本名乌通，是华裔商人的后裔。1365~1378年，素可泰成为大城王朝的藩属；至1438年，素可泰最后一名君王去世后，王朝所管辖的领土被收归为大城王国的行省。至此，大城王国遂与泰国北方的兰纳王国相邻。王国盛期曾两次攻打高棉帝国，并于1353年占领了吴哥，但也因此在文化艺术，特别是建筑和雕刻上，深受吴哥的影响（图4-19）。

阿育陀耶王朝在暹罗的统治一直维系到1767年，

程，并于13世纪40年代开始扩张，其势力范围由今日缅甸、老挝一直伸展至马来半岛。兰甘亨统治时期被认为是王国的黄金时代，这期间引进了锡兰的文化与艺术，特别是引锡兰的上座部佛教为国教，影响深远。兰甘亨还将流行于素可泰地区的巴利文、高棉

左页:

图4-19大城（阿育陀耶）出土

此湿奴石像（高128厘米，和

世纪以来的南方雕像非常相

近，曼谷泰国国家博物馆藏品）

本页:

（上下两幅）图4-20大城 被缅

甸人破坏的建筑及雕刻（砖构

面层俱毁）

最后亡于缅甸的大规模入侵（事实上，从15世纪开始，他们就时常受到缅甸的攻击和骚扰，很多雕刻都受到缅甸人的破坏；图4-20）。

　　大城王朝的建立和国家的统一，标志着暹罗境内原属泰族和高棉的两种艺术传统的融合。从一开始就复归高棉模式，成为这一漫长阶段最重要的特征。实际上泰族统治者本身，在很大程度上就是模仿高棉宫廷的组织形式，以神化君主作为权力的基础。在老的首府大城，如今仅存少量宫殿的基础和砖墙残迹。不过，散布在古代城市整个区域内的500座佛塔中，尚有一些仍然耸立在那里。

四、曼谷王朝（却克里王朝）

大城王朝开国以来与缅甸多次发生冲突，最终于1767年被缅甸贡榜王朝所灭。原为大城王朝一名将领的中泰混血儿达信（中文名郑信）起兵反抗缅甸的统治，最终驱逐了侵略者，平定了各地的割据势力，于1767年（另说1769年）创建吞武里王朝（Thon Buri Dynasty，1767~1782年，都城吞武里），称达信大帝（1767~1782年在位），成为王朝首位也是唯一一位君主。1782年，达信在一次宫廷政变中被废，部将通銮（封号昭披耶却克里）自真腊回师，建立曼谷王朝（又根据这位开国君主的封号，称却克里王朝），自称拉玛一世（1782~1809年在位）。就这样，在大城被毁后十余年，人们于曼谷再建新都，并希望再现被毁的旧都风貌。从王宫建筑上确实可以看到泰国某些精美的建筑形式的延续。

第二节 宗教建筑

影响泰国建筑的既有佛教国家，也有在两千年期间与之有密切关系的各种势力。自素可泰和兰纳王国之后，各时期的泰国王朝均尊崇来自锡兰的上座部佛教。但佛教与印度教，以及包括祖先崇拜在内的泰族的原始信仰拜物教同样具有密切的关联，因而形成一种以上座部佛教为主，融汇其他各种信仰的混合型宗

对页：

（左）图4-21南奔（哈利班超）库库特寺（"无顶寺"）出土陶制佛像（高73厘米，现存曼谷The Prasart Museum）

（右）图4-22南奔 库库特寺。玛哈博尔塔（约1150年），遗存立面（据Groslier，1961年）

本页：

图4-23南奔 库库特寺。玛哈博尔塔，现状

第四章 泰国·911

本页：

（上下两幅）图4-24南奔 库
库特寺。玛哈博尔塔，近景

右页：

图4-25南奔 库库特寺。玛哈
博尔塔，龛室及雕像细部

左页:

图4-26楠镇 瓦特寺塔。现状（和南奔库库特寺玛哈博尔塔相似的
又一实例）

本页:

（左上）图4-27南奔 库库特寺。乐达纳塔，现状（背景为玛哈博
尔塔）

（左下及右）图4-28泰国早期受印度影响的毗湿奴雕像：左、7~9
世纪或更早，高1.69米，印度南部帕拉瓦风格，现存曼谷泰国国
家博物馆；右、7世纪，高2.35米，典型的印度帕拉瓦风格作品，
现存那空是贪玛叻国家博物馆

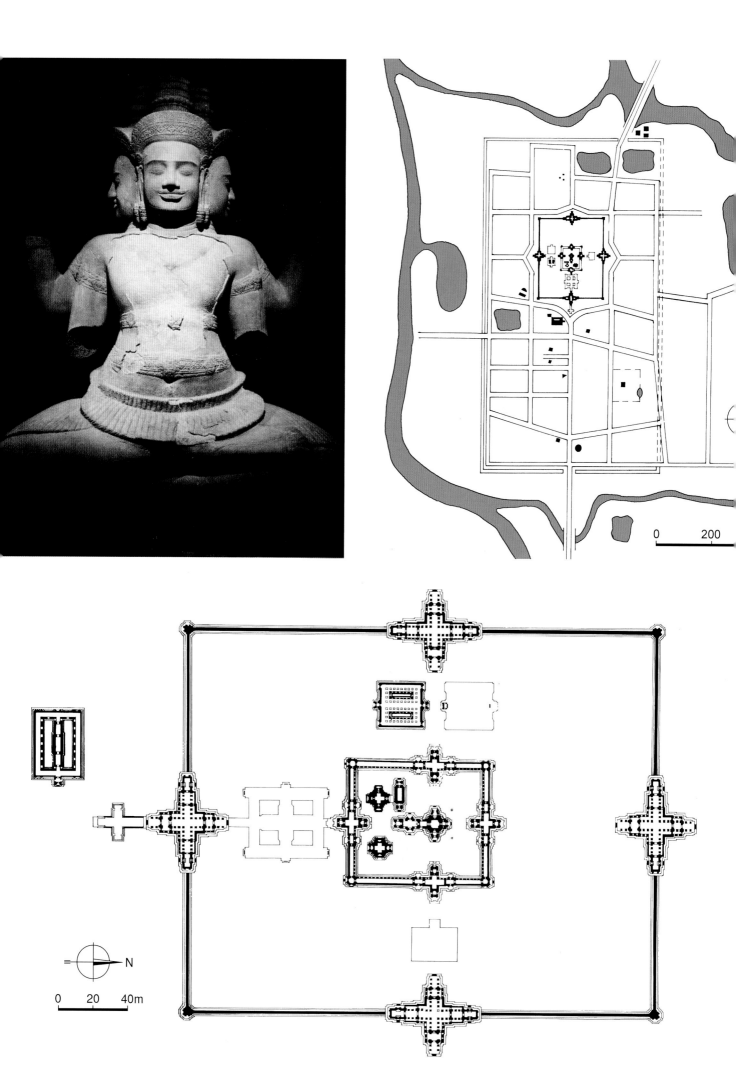

0   200

N

0   20   40m

左页：

（左上）图4-29梵天像（巴
黎吉梅博物馆藏品）

（右上）图4-30披迈（呵叻
府）城市总平面（据Anene
Lewer）

（下）图4-31披迈 石宫（始
建于1080~1107年，内殿完
成于1108年）。建筑群平面
（据Anene Lewer；南部主
入口西侧为宫殿；外围墙
红色砂岩砌造，最初高3.5
米，辟四座位于正向的门
楼；两道围墙之间为带铺地
的台地，西侧有两座宫殿；
中央主祠位于南北轴线上，
配有四个门楼）

本页：

（上）图4-32披迈 石宫。中
央组群，俯视复原图（作者
Kittisak Nualvilai）

（下）图4-33披迈 石宫。中
央祠堂，东立面（Anene
Lewer绘，尽管建筑尺度不
大，但比例优雅，雕饰精美）

0 1 2 3 4 5m

教。在建筑中也体现了这种包容性。

一、寺庙和佛塔

在建筑领域，已经查明，在暹罗曾有过明显以印
度为范本的窣堵坡，以及圣骨堂或支提之类的建筑
（在这里，支提系按印度佛教建筑的定义，指安置纪

念性窣堵坡的塔庙、祠堂、佛殿）。支提外部于拱廊
下饰佛教题材的场景，寺庙建筑群外绕回廊。支提往
往建在宏伟的台地上，并于砖构立方形体上安置带线
脚层位的屋顶。

[堕罗钵底时期]
窣堵坡（佛塔）

堕罗钵底时期佛教盛行，建有不少窣堵坡，但留存下来的不多。它们主要分布在佛统、乌通、南奔（哈利班超）和锡贴等地，总的来看可分为三类：

1、方形塔基，半球形塔身，塔顶呈尖角状；

2、方形塔基，五层平台，逐层缩减。平台各面设壁龛三个，内置佛像；

3、八角形佛塔，见于乌通和南奔等地。

堕罗钵底时期遗存中最引人注目的是属第一类窣堵坡的佛统府大佛塔（亦称佛统金塔）。据记载，此塔原为孟族人所建，后崩毁，今天的这座大塔系

本页及右页：

（左）图4-34披迈 石宫。中央祠堂，南立面（Pierre Richard绘）

（中上及右上）图4-35披迈 石宫。外院，南门及那迦桥（通向寺院的道路通过十字形平台与外院南入口相连，平台由狮鹫护卫并设那迦栏杆，构成联系世俗与神祇世界的那迦桥）

（右中）图4-36披迈 石宫。外院，南门，北侧（内侧）景观

（右下）图4-37披迈 石宫。内院，南侧全景（自外院向北望去的景色）

本页：

（上）图4-38披迈 石宫。内院，南墙东侧近景（采用了两种石料，墙体以较软的红色砂岩砌筑，楣梁、门框和窗户用质地坚硬的白色砂岩制作）

（下）图4-39披迈 石宫。内院及中央组群，南侧景观（建筑最近在法国人的帮助下进行了全面整修）

右页：

（上）图4-40披迈 石宫。主祠，东北侧全景

（下两幅）图4-41披迈 石宫。主祠，北侧现状

本页：

（上）图4-42披迈 石宫。主祠，自外院门框处北望景色

（下）图4-43披迈 石宫。主祠，西北侧景色

右页：

图4-44披迈 石宫。主祠，东侧景观

由曼谷王朝的拉玛四世（蒙固，1851~1868年在位）
重建，但直至拉玛五世（朱拉隆功，1868~1910年在
位）时才完成。朱拉隆功还在大佛塔旁边建造了原塔
的复制品。

　　库库特寺（意为"无顶寺"，因传最初塔有金

本页及左页：

（左上）图4-45披迈 石宫。主祠，前室东侧现状

（左下）图4-46披迈 石宫。主祠，南侧景色

（中上）图4-47披迈 石宫。主祠，西门楼近景

（右）图4-48披迈 石宫。主塔，近景

（中下）图4-49披迈 石宫。门窗框及窗棂细部

本页：

（上）图4-50披迈 石宫。阇耶跋摩七世像（砂岩，高1.32米，12世纪末～13世纪初，原布置在石宫内，现存曼谷泰国国家博物馆）

（下）图4-51素林 西科拉蓬寺（1113～1150年）。远景

右页：

（上）图4-52素林 西科拉蓬寺。东侧全景

（下）图4-53素林 西科拉蓬寺。主塔，东侧近景

左页：

图4-54素林 西科拉蓬寺。
东南塔，东侧近景

本页：

图4-55素林 西科拉蓬寺。
主塔，东门边侧雕刻

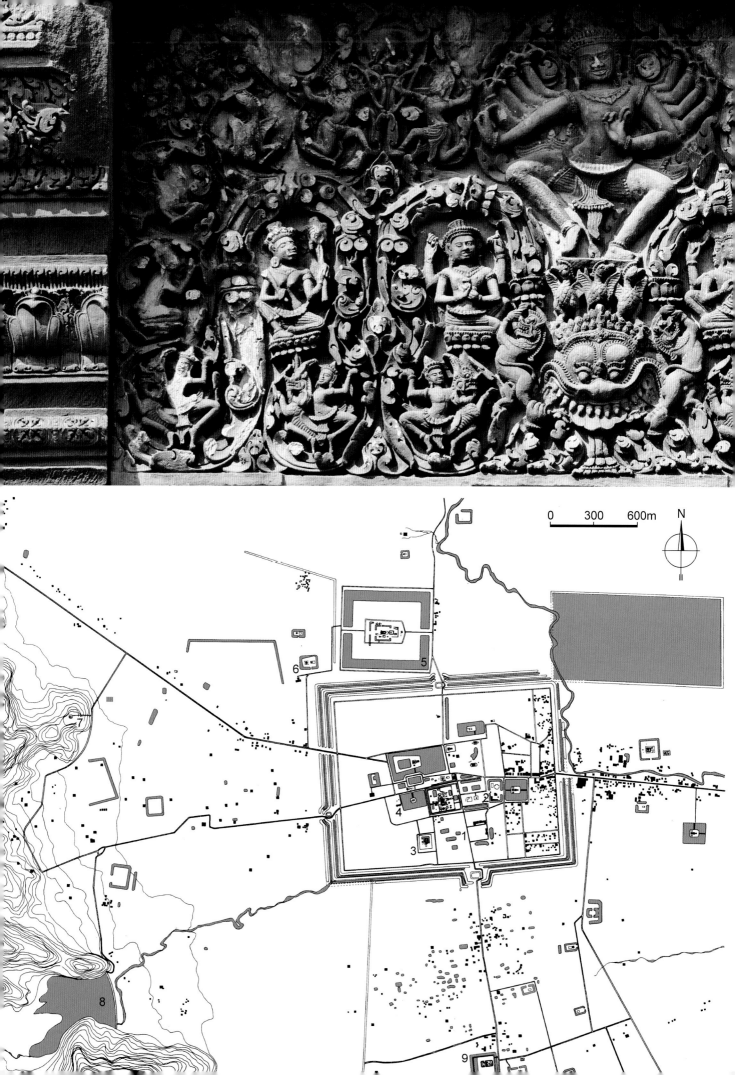

本页及左页：

（左上）图4-56素林 西科拉蓬寺。主塔，东门楣梁浮雕（上部为起舞的十臂湿婆，下部象征死神的卡拉用利爪抓住了两头狮子）

（右上）图4-57素可泰 古城。平面简图（高棉时期，Sally Woods 据Gosling资料绘制），图中：1、拜琅寺；2、人工湖；3、祠庙；4、泰城墙

（左下）图4-58素可泰 古城。总平面（Jim McKie绘制），图中：1、马哈塔寺（大舍利寺）；2、王宫；3、芒果寺；4、德拉庞恩寺（银湖寺）；5、拜琅寺；6、西楚寺；7、沙攀欣寺（石桥寺院）；8、堤坝；9、柴图鹏寺

（右下）图4-59华富里 三塔寺（12世纪末~13世纪初）。东侧全景

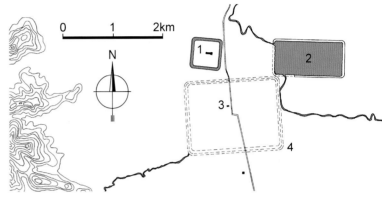

本页：
（上）图4-60华富里
三塔寺。东北侧景色

（下）图4-61华富里
三塔寺。东南侧景观

右页：
图4-62华富里 三塔寺。
中央塔楼，东侧现状

本页：

（上）图4-63华富里 三塔
寺。雕饰细部

（下）图4-64华富里 大舍利
寺（约12世纪，15世纪修
复）。遗址现状（自东北方
向望柱厅及主塔）

右页：

（上）图4-65华富里 大舍利
寺。遗址现状（南区景观）

（下）图4-66华富里 大舍利
寺。主塔及柱厅，东南侧景
色

顶，但早已无存）是目前泰国南奔留存下来的一座
最著名的堕罗钵底时期的建筑（图4-21）。据当地传
说，寺院创建于女王差玛·特葳时期（南奔城就是她
于9世纪初创立的），因此又名差玛·特葳寺。但寺
院现存建筑中，最早的是建于1150年（当时南奔是
孟族堕罗钵底王国都城，名哈利班超）的玛哈博尔

本页：
图4-67华富里 大舍利
寺。主塔，西南侧近景

右页：
图4-68华富里 大舍利
寺。主塔，西北侧景色

塔（图4-22~4-25）。塔系12世纪中叶哈利班超王国（Hariphunchai Kingdom）国王阿提达亚拉德为纪念他战胜高棉人而建。最初结构在一次地震中毁坏，现存塔楼属1218年国王沙普西德时期重建，为堕罗钵底风格（Dvaravati Style）最后阶段的代表。塔基方形，边长15.35米；退阶基台上叠置五个尺寸逐层缩小的立方形体，形成总高21米、瘦高的五层阶梯状金字塔（属第二类窣堵坡）。塔身砖构外施抹灰，每层

各面辟三龛，较为忠实地保留了堕罗钵底时期印度化
艺术的外貌。龛室上拱券具有复杂的灰泥雕饰，细部
呈高棉风格；龛内置立佛陶像，大小随龛室，逐层向
上尺寸递减，总计60尊。每层转角处设壁柱，柱顶呈
莲花形，上置小角塔（可能是以缩小的尺度再现了建
筑顶上最初曾有的尖塔）；塔顶现为七层方形扁平的
相轮。

玛哈博尔塔的造型与锡兰波隆那鲁沃的萨特马哈
尔庙塔颇为接近，似表明5世纪之后孟族统治地区与
锡兰之间在佛教文化交流上具有密切的联系（参见
《世界建筑史·印度次大陆古代卷》图6-420）。与之类
似的还有楠镇的瓦特寺塔（图4-26）。

堕罗钵底时期另一重要的遗迹是库库特寺的八角
形佛塔（乐达纳塔，图4-27）。瘦高的塔体平面八边

形，塔身各面设壁龛，内置佛像，塔体逐层内收，至顶部平面变为圆形。八边形佛塔本是孟族特有的建筑形式，最早起源于犍陀罗，后来随部派佛教的发展传向各地。

雕塑艺术

所谓堕罗钵底（Dvaravati）艺术是指在高棉

本页及左页：

（左及中）图4-70华富里 大舍利寺。芒果状小塔，遗存现状

（右）图4-71华富里 大舍利寺。芒果状小塔，近景（穹顶上的32道凸棱按佛教说法是象征罗盘的32个主要方位和人体生理上的32个特性）

（上两幅）图4-72华富里 大舍利寺。出土石雕佛像（13~14世纪）

（左中及左下）图4-73素可泰 芒果寺（约12世纪末或13世纪初）。总平面及中心区平面，图中：1、高棉塔庙；2、辅助建筑；3、中央会堂；4、南会堂

（右下）图4-74素可泰 芒果寺。俯视全景（自西南方向望去的景色）

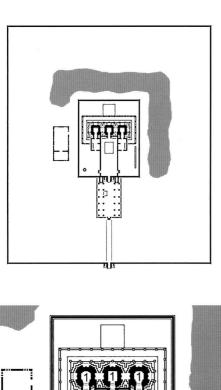

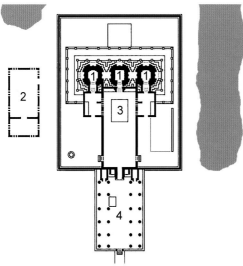

（Khmer）和泰族（Tai）人到达泰国之前，于7~11世纪主导泰国艺术的一种风格。这时期的作品包括石雕、泥塑、赤土陶器和青铜器等，主要表现小乘佛教（Hinayana Buddhist）、大乘佛教（Mahayana

（上）图4-75素可泰 芒
果寺。西南侧远景

（下）图4-76素可泰 芒
果寺。东北侧现状

本页:

（上）图4-77 素可泰 芒□
寺。东侧景色

（下）图4-78 素可泰 芒□
寺。南侧全景（自南会堂□
去的景色）

右页:

（上）图4-79 素可泰 芒□
寺。南侧现状（自中央会□
望去的景象）

（下）图4-80 素可泰 芒□
寺。东南侧近观

对页：

图4-81素可泰 芒果寺。
西南侧近观（前景为南会
堂，其后为中央会堂）

本页：

（上）图4-82素可泰 芒果
寺。主塔，近景

（下）图4-83素可泰 芒果
寺。雕饰细部

Buddhist）和印度教（Hindu）的题材。其风格受到
不同时期印度艺术的影响（图4-28），主要以印度南
部的阿玛拉瓦蒂、笈多王朝（Gupta）和后笈多时期

（Post-Gupta，4~8世纪）的作品为原型，兼具本土色
彩（如雕塑表现出东南亚人的脸部特征）。与此同时，
艺术风格开始多样化。石刻法轮（Wheel of Law）是

这一时期最具有代表性的堕罗钵底雕刻，在高耸的柱子上或寺庙组群里可看到反映释迦牟尼佛布道的母题。在呵叻和佛统发现的堕罗钵底艺术家创作的佛陀铜像，已明显表现出印度笈多时期的影响。佛祖被塑造成超越凡人的圣者，心灵通透纯净，能通过意志克服身体的欲望，散发出一种祥和安静的内心气质。梵

本页：

（上）图4-88素可泰 西洪寺
塔。佛堂，东侧现状

（下）图4-90素可泰 西洪寺
塔。主祠塔，西侧基台细部

右页：

（上）图4-89素可泰 西洪寺
塔。主祠塔，东南侧景观

（下）图4-91甘烹碧 环象
寺。东北侧全景

天（图4-29）、毗湿奴和湿婆都是具有超凡力量的天
神，其石像和铜像体现了男性的力量、权威和阳刚
之气。他们的配偶（女神）则展现了女性的优雅和
妩媚。

[高棉帝国时期]

　　位于泰国东北部呵叻府披迈的石宫可视为素可
泰之前泰国佛教建筑群的代表作（城市总平面：图
4-30；石宫：图4-31~4-50）。组群建于968~1001

年间，被喻为"泰国的吴哥窟"。用白色砂石建于11~12世纪的主塔为披迈石宫内规模最大和最重要的建筑，其正面向南，不像其他古代高棉王国的宗教建筑那样，正面朝东。在法国政府的帮助下，建筑群已于1979年4月开始对外开放。2009年被列为世界文化遗产项目。

位于素林和四色菊两城之间的西科拉蓬寺（距素林约30公里）建于12世纪国王苏利耶跋摩二世期间，是另一座位于今泰国境内的高棉寺庙。由五座砂岩和砖砌塔楼组成的这组建筑最初为印度教寺庙，主塔浮雕表现湿婆、梵天、迦内沙、毗湿奴和雪山神女；16世纪改为佛寺。塔楼屋顶上还可看到受老挝建筑影响的明显痕迹（图4-51~4-56）。

[素可泰时期]

13~14世纪的素可泰城拥有三重城墙，配城门四座，城外以护城河环绕。城内划分为四部分，皇宫和

马哈塔寺位于城市中央（图4-57、4-58）。这时期的建筑不再以石材作为主要建筑材料，而是采用砖构外施灰泥的做法。此时备受青睐的两种独特的建筑类型是祠堂（prang）和窣堵坡。前者来自高棉塔楼，前面有一个柱厅，上置宏伟的木构覆瓦屋顶。厅堂内有

本页及右页：

（左）图4-92甘烹碧 环象寺。北侧，入口梯道近景

（右上）图4-93甘烹碧 环象寺。基台大象雕塑

（右下）图4-94甘烹碧 环象寺。大象雕塑近景（鼻子大多缺失）

（中两幅）图4-95甘烹碧 阿瓦艾寺。遗址现状

（上）图4-96甘烹碧 博罗珥
他寺。现状全景

（下）图4-98甘烹碧 胶寺。
遗址现状

图4-97甘烹碧 博罗玛他
寺。大塔近景

（上）图4-99甘烹碧 胜
寺。窣堵坡及佛堂，遗有
现状

（下）图4-100甘烹碧 胜
寺。坐佛及卧佛

（上）图4-101甘烹碧 农寺。

遗存现状

（下）图4-102甘烹碧 他寺。

遗存现状

佛像，室内甚至可以大到充当僧侣们的集会场所。第二种类型（窣堵坡）常布置在圣所边上，造型或使人想起经缅甸传来的印度钟形结构，或是模仿南奔库库特寺那种顶塔式圣所。在泰国，这两种结构及其变体形式实际上都是来自素可泰。

在暹罗，已知最早的艺术风格系以华富里为名，

本页：

（上）图4-103甘烹碧 信赫
寺。遗址景观

（中）图4-104甘烹碧 伊里
亚博寺。遗址现状

（下）图4-105素可泰 环象
寺。遗存全景

右页：

图4-106素可泰 环象寺。主
塔景色

这是12~13世纪发展起来的一种高棉风格。这种风格的一个著名实例是位于华富里的三塔寺。这是由排成一列的三个塔楼组成的高棉祠庙（其间以短廊相连），建于阇耶跋摩七世时期，为高棉帝国行省建筑的精美范例之一（图4-59~4-63）。建筑最令人感兴趣的是其灰泥装饰和柱子基部的头像面具。

华富里的主要寺庙——大舍利寺（约12世纪，15世纪修复），是一个高棉-吴哥类型的作品，可作为

本页及左页：

（左上）图4-107素可泰 环象寺。基台雕塑（墙面出成排的大象雕塑，整座建筑好像由象托起）

（中）图4-108素可泰 环象寺。基台，转角处雕塑近景

（右）图4-109素可泰 邵拉沙克寺（1416年）。遗存全景

（左下）图4-110素可泰 邵拉沙克寺。基台，雕塑近景

纪念性建筑的典型（图4-64~4-72）。它位于一个带围墙的院落里，包括位于带线脚的高基台上的祠堂塔楼（sikhara）和相连的柱廊（mandapa）。特别值得注意的是位于洞口上沉重的拱券山墙，它使人想起吴哥窟的尖矢塔庙，但位于高基座上，格外强调垂向构图。建筑结构尺度更小、更零碎，显然是追求一种表面的动态；内殿也变得更小且位于一个很高的基座上，以球茎作为顶饰的高耸顶塔是其特有的表现，这

种独特的布局使它成为真正的圣骨柜，一个朝拜者无法直接进去的处所。

在素可泰地区尚存许多高棉人留下的遗迹。素可泰人成功地将高棉类型的塔庙改造成具有泰国地方特色的寺庙，如建于12世纪末或13世纪初的芒果寺。周围有护城河和围墙环绕的这座寺庙由三座以砖和红土

岩砌筑、外施抹灰的塔庙及少数辅助建筑组成（图4-73~4-83）。它最初可能是印度教寺庙，至素可泰时期改为佛寺，在中央塔庙南面增建了两座矩形会堂（北面另设一小会堂），外加绕行三塔的带顶回廊。来自吴哥古典时期的炮弹形塔庙在这里进一步向上延伸（高度为塔身2~3倍），平台数目增多（七层）但

本页：

（上）图4-111素可泰 雅姆塔寺。遗存全景

（下）图4-112素可泰 沙西寺。东侧远景

右页：

图4-113素可泰 沙西寺。南侧远景

本页及左页：

（左上）图4-114素可泰 沙西寺。东南侧全景

（左下）图4-115素可泰 沙西寺。东侧全景

（右上）图4-116素可泰 沙西寺。佛堂及主塔，东侧近景

（右下）图4-117素可泰 沙西寺。小塔，东南侧景观

内收幅度缩小，原来的阶梯状外廓遂变成有连续卷杀曲线的一体造型；塔身和屋顶平面折角增多且上下贯通，垂向动态更为突出；只是和后期相比，体形较为粗壮。

　　锡兰建筑的影响则见于13世纪末出现的覆钟形佛塔，覆钟下设环形线脚，以上为方形平台和圆锥形塔

左页：

（上）图4-118素可泰 胜利寺（主塔可能建于14世纪）。现状，东北侧全景

（下）图4-119素可泰 胜利寺。东侧景观

本页：

（左上）图4-120素可泰 颂塔寺。西侧全景（前景为尚存的次级小塔）

（右上）图4-121素可泰 颂塔寺。主塔，西南侧景色

（左下）图4-122素可泰 颂塔寺。主塔，塔顶近景（小体量的覆钟形体为大城时期建筑的特征）

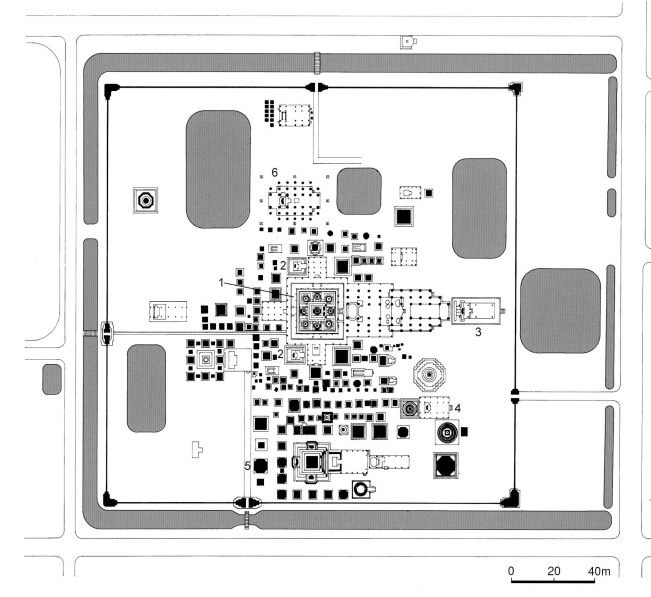

刹（这种佛塔形式可追溯到锡兰后阿努拉德普勒时期，其时古代谷堆形佛塔的三个圆形阶梯状基台被简化成覆钵底部逐渐向外扩展的环状体，最终形成了覆钟形塔身）。

素可泰尚存13世纪末~14世纪初的两座这种形式

本页及右页：

（左上）图4-123素可泰 马哈塔寺（大舍利寺，1292~1347年）。总平面（Jim McKie绘制），图中：1、中央（莲苞塔）组群；2、中央组群侧面祠堂；3、中央组群东佛堂；4、东南祠塔；5、南塔；6、北庙（包特）

（右上）图4-124素可泰 马哈塔寺。东南侧俯视全景

（下）图4-125素可泰 马哈塔寺。西北侧全景（日落时分）

的小塔，其中西洪寺塔上部相轮已失，但主体保存
尚好。基台侧面以灰塑表现大象、蹲狮和仙女（图
4-84~4-90）。早期以红土岩砌筑的这些佛塔尺度较
小，方形基台上的圆形平台显得过高，与覆钵之间的
过渡似不如后期自然。

本页：

图4-126素可泰 马哈塔寺。中央（莲苞塔）组群，东南侧景观

右页：

图4-127素可泰 马哈塔寺。中央组群，南侧现状

（左）图4-131素可泰 马哈塔寺。中央组群，东佛堂，佛像近景

（右）图4-132素可泰 马哈塔寺。中央组群，侧面祠堂佛像

1345年，随着素可泰王子出身的高僧西萨塔自锡兰取法回国，锡兰的覆钟式佛塔也被引进泰国，并自14世纪中叶起得到流行。其最早的表现是位于现甘烹碧历史遗址公园内的环象寺（图4-91~4-94）。位于遗址区的其他类似寺庙尚有十几座，如阿瓦艾寺（图4-95）、博罗玛他寺（图4-96、4-97）、胶

寺（图4-98~4-100）、农寺（图4-101）、他寺（图4-102）、信赫寺（图4-103）、伊里亚博寺（图4-104）等。

甘烹碧环象寺的平台与覆钟形塔身之间以三道浅环形线脚作为过渡，基台侧面仿锡兰样式出大象圆雕造型。类似的表现另见素可泰的环象寺（图

（上）图4-133素可泰 马哈
寺。东南祠塔，东南侧景观

（下）图4-134素可泰 马哈
寺。东南祠塔，东立面景色

4-105~4-108）和邵拉沙克寺（图4-109、4-110）。后者位于城市北侧，据铭文记载建于1416年；其佛堂在东，佛塔居西；仿斯里兰卡风格的方形基座上出大象24尊。

此后各寺院覆钟形体及基台进一步扩大，基台四周改雕佛像，如稍后素可泰的雅姆塔寺（图4-111）、

本页及左页：

（左）图4-135素可泰 马哈塔寺。东南祠塔，坐佛像（背景为中央莲苞塔组群）

（中上）图4-136素可泰 马哈塔寺。南塔，佛像

（中下）图4-137素可泰 马哈塔寺。北庙（包特），东侧全景

（右）图4-139素可泰 马哈塔寺。坐佛（寺内1361年铸造的大佛，高8米，为素可泰时期最著名铜佛之一；1808年拉玛一世下令将其由水路运至曼谷，现在曼谷善见寺内）

本页：

（上）图4-138素可泰 马哈□□
塔寺。北庙，佛像南侧

（下）图4-140素可泰 拜□□
寺（12世纪后期）。总平面□
（Sally Woods绘制；大乘佛教□
建筑，并列的三座祠塔分别□
供奉佛陀、象征仁慈的观音菩□
萨和象征智慧的般若佛母；祠□
塔东面石构平台上起会堂，□
平台边上立成排的小塔）

右页：

（上）图4-141素可泰 拜□□
寺。西区，东北侧景色（□
北塔仍屹立在原址上，其他□
两塔均已残毁）

（下）图4-142素可泰 拜□□
寺。西区，西北侧现状

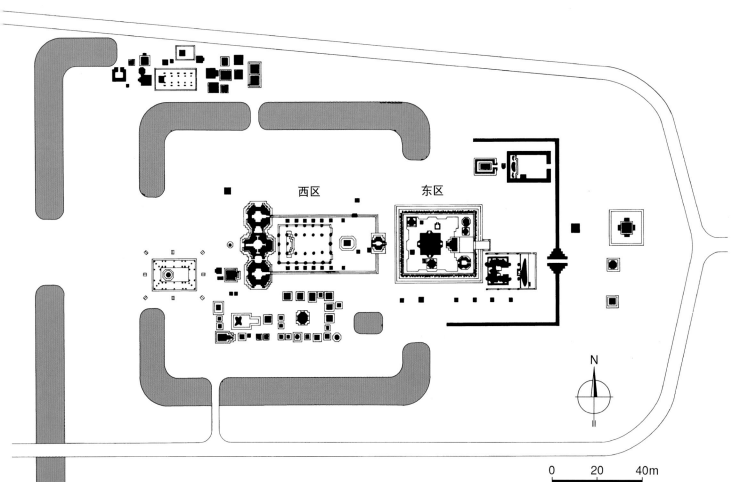

西区　　　东区

N

0　　20　　40m

右页:

图4-143素可泰 拜琅寺。西
区,北塔及中塔,东南侧近景

左页:

图4-144素可泰 拜琅寺。西
区, 北塔, 西南侧近景

沙西寺（图4-112~4-117）和胜利寺（位于马哈塔寺北面不远处，主塔可能建于14世纪，其造型显然受到斯里兰卡的影响；图4-118、4-119）。这时期的佛塔于方形基台之上、覆钵之下，除三圈环形线脚外另加三层圆形平台；覆钵上冠方形平台，通过塔脖和顶部圆锥形相轮相连。整个佛塔遂显得更为高大，增添了向上的气势。

14世纪后期以降，这类佛塔比例上又有诸多变化：首先是基台缩小但高度倍增，甚至分上下两层成阶梯状；转角处增添了折角，平面更趋复杂；第二是

左页：

图4-145素可泰 拜琅寺。西
区，北塔，西立面雕饰细部

本页：

图4-146素可泰 拜琅寺。西
区，会堂边侧小塔近景

984 · 世界建筑史 东南亚古代卷

对页：

（上）图4-147素可泰 拜琅
寺。东区，西南侧全景

（下）图4-149素可泰 拜琅
寺。卧佛（14或15世纪，铜
寺，长3.5米，19世纪初移
至曼谷博翁尼韦寺内，后面
表现众信徒的壁画系19世纪
下半叶绘制）

本页：

图4-148素可泰 拜琅寺。东
区，主塔近景

覆钵本身体量及下部向外展开的幅度均有所减缩，整
本更趋近于圆柱体，加之取消了下部的圆形平台，
与方形基台的过渡似不如前期顺畅（如颂塔寺，图
4-120~4-122）。

　　13世纪末~14世纪初，在素可泰出现的配有莲

苞形屋顶的佛塔是一种充分表现出本土特色的创新
作品，并成为素可泰建筑的重要标志之一。有人
认为，它可能是来自古代高棉的"山庙"。如建于
1292~1347年的马哈塔寺（大舍利寺），其内藏佛骨
的莲苞式主塔建于1345年，坐落在四层阶梯状的基台

本页：

（上）图4-150素可泰 德拉
庞恩寺。南组，莲苞塔及会
堂，东北侧景观

（下）图4-151素可泰 德拉
庞恩寺。南组，莲苞塔及会
堂，东侧全景

右页：

图4-152素可泰 德拉庞恩
寺。南组，莲苞塔及会堂，
东南侧现状

上（总平面：图4-123；全景：图4-124、4-125；中央
组群：图4-126~4-132；东南祠塔：图4-133~4-135；
南塔：图4-136；北庙：图4-137、4-138；坐佛：图

4-139）。基座上饰有168个佛陀弟子双手合十作祈祷
状行进的灰泥塑像，两侧远处另有高9米的立佛像。
首层八个主要方位上立次级小塔，布局方式及小塔造

本页:
图4-153素可泰 德拉庞[恩]
寺。南组，莲苞塔及[佛]
像，近景

右页:
（左上）图4-154素可[泰]
德拉庞恩寺。北组，东[侧]
景观

（右上）图4-155素可
泰 柴图鹏寺（1417年或
更早）。总平面（Sall[与]
Woods绘制），被壕沟围绕
的中心区位于一个带围墙
和壕沟的更大围地内（实
际形式并非如图所示的正
方形），安置各佛像的[佛]
堂位于中心区西侧，东[侧]
会堂屋顶支撑在石柱上

（下）图4-157素可泰 柴
图鹏寺。东南侧现状（前
景为会堂，远处可看到主
祠尚存的行走佛像）

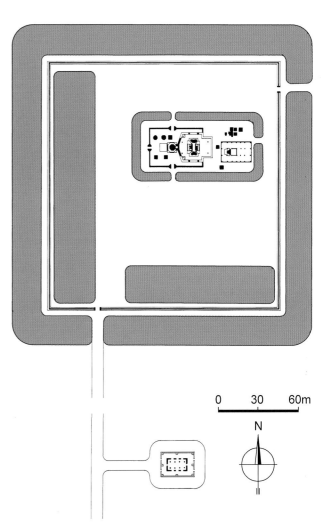

本页及右页：

（中上）图4-156素可泰 柴图鹏寺。中心区，平面：1、收藏祭拜物品的小方室（mondop）；2、坐佛；3、立佛；4、行走佛；5、卧佛；6、会堂

（左下）图4-158素可泰 柴图鹏寺。西南侧景观（左侧为小方室，右侧可看到尚存的立佛像）

（左上）图4-159素可泰 柴图鹏寺。西北侧景色（前景为围绕中心区的壕沟，后面依次为小方室和立佛像）

（中下）图4-160素可泰 柴图鹏寺。东北侧现状

（右）图4-161素可泰 柴图鹏寺。行走佛像，东南侧景观（前景为会堂南面的塔基）

右页：
（上）图4-163素可泰 珊
寺（14世纪下半叶）。佛堂
东南侧现状

（左下）图4-164素可泰
塘寺。佛堂，龛室雕饰细
（自忉利天返回人间的佛陀

（右下）图4-165彭世洛
寺（1357年）。成功佛（
世纪早期，不仅是泰国最
尊崇的佛像之一，也是素
泰后古典风格最杰出的一
实例）

型非常接近吴哥早期的山庙类型（位于角上的四个表现出孟族和兰纳风格，中间四个可看到高棉建筑的影响）。中央莲苞式佛塔平台及塔身均为折角方形，且如高棉塔庙那样将折线一直延续到塔身，成为立面构图的重要手段。基台线脚的设计则吸收了王座的特

点，类似的设计另见于阇耶跋摩七世于12世纪后期建造的拜琅寺（图4-140~4-149）。寺院组群里还包括会堂（vihara，边上布置以微缩尺度表现的小塔，见图4-146）、柱厅（mandapa）、戒堂及200座次级窣堵坡。

本页：

（上）图4-166西沙差那莱（"良民城"）城市总平面（Aqdas Qua[...]绘制）

（下）图4-167西沙差那莱 遗址公园。现状（龛室雕刻表现坐在蛇[...]王身上的佛陀，远景为马哈塔寺大塔）

右页：

（上）图4-168西沙差那莱 马哈塔寺（12世纪后期）。东北侧，现状（前景为会堂，后为大城风格的主塔）

（左下）图4-169西沙差那莱 马哈塔寺。主塔及坐佛像，东侧景观

（右下）图4-170西沙差那莱 马哈塔寺。主塔，顶部近景

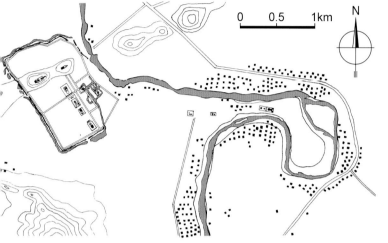

自14世纪后期以降，莲苞形佛塔开始与会堂相结合，位于其后部。由于基台体量缩小，塔身加长，总体比例看上去更为高耸（如德拉庞恩寺的佛塔，图4-150~4-154）。

在与建筑紧密相关的雕塑艺术上，值得一提的有几座建筑。一是位于素可泰南区建于1417年或更早的

（右上）图4-171西沙差那莱
马哈塔寺。东门，具有高棉
风格的雕饰细部

（下）图4-172西沙差那莱
柴地猎拓寺（七列塔寺）。
西北侧远景

（左上）图4-173西沙差那莱
柴地猎拓寺。北侧景观（前
景为和主塔位于同一主轴线
上的北塔）

（上）图4-174西沙差那莱 柴地猎拓寺。东侧全景

（下）图4-175西沙差那莱 柴地猎拓寺。自主轴线上向西北方向望去的景色（主轴沿东南至西北方向）

柴图鹏寺（建筑里大量使用了页岩）。其高高的佛堂
内安置了四尊朝向各主要方向且取不同姿态（站立、
坐、卧和行走）的佛像，表现极为独特（其中两尊已
严重残毁，图4-155~4-162）。二是位于城墙东面约
700米处，建于14世纪下半叶的珊塘寺；其佛堂为一

（左上）图4-176西沙差那莱 柴地猎拓寺。北塔，北侧龛室坐佛像

（右上）图4-177西沙差那莱 象寺（1286年）。东侧全景（组群位
于柴地猎拓寺西北，主轴方向也相近）

（下两幅）图4-178西沙差那莱 象寺。主塔，东南侧景色

（上）图4-179西沙差那莱
象寺。主塔，二层龛室佛
像

（左中及左下）图4-180西
沙差那莱 松桥寺。主塔及
会堂（修复前后照片）

（右下）图4-181渊恭甘
刹安寺塔（1300年）。现
状全景

（上）图4-182渊恭甘 利◯
寺塔。仰视近景

（下）图4-183渊恭甘 布另
寺。遗址现状（从北面望去
的景色）

方形砖构建筑，除东面入口外，其他南、北和西立面均辟巨大的龛室，其内灰泥塑像尽管肢体不全，但仍为目前留存下来的素可泰后期塑像艺术最优秀的实例（图4-163、4-164）。再一座是位于彭世洛建于1357年的大寺，室内供奉的大型佛像（成功佛，Phra Buddha Chinaraj）被认为是泰国最优美的这类佛像（图4-165）。

位于泰国北部的西沙差那莱（意为"良民城"），是素可泰王国的第二个中心，为13和14世纪王太子驻地。平面矩形的城市创建于1250年。16世纪

（上）图4-184清盛 古城。19世纪中叶残迹景色（1867年图版，作者路易·德拉波特）

（下）图4-185清盛 柚林寺（约1295年）。砖塔，远景

本页：

（右）图4-186清盛 柚林寺。砖塔，现状全景

（左）图4-187清盛 柚林寺。砖塔，近景

右页：

图4-188清盛 柚林寺。雕饰细部

期间，为防御正在崛起的缅甸人的进犯，增建了高5米的城墙和护城河。现遗址区已建成历史公园（图4-166、4-167）。

城市最大最重要的佛教寺院是建于12世纪后期的马哈塔寺。建筑最初据信是采用巴戎风格，但在大城王国时期，按当时流行的大城风格进行了改建。祠庙后部的柱厅保留完好，同时还保留了许多斯里兰卡风格的小型窣堵坡（图4-168~4-171）。城墙内另一个重要遗址柴地猎拓寺（七列塔寺）系由32座不同大小和风格的窣堵坡组成，表现颇为独特，可能是

地方统治家族的墓地（原围墙和壕沟内尚有会堂、礼堂，五个柱厅和一个圣池，图4-172~4-176）。建于1286年的象寺主要结构为斯里兰卡式的窣堵坡，立在两层方形基座上，寺名来自首层基座各面的39尊足尺立象雕刻，雕像仅露前半身，如素可泰同名寺庙的做法。第二层基座处辟20个龛室，最初内置高1.4米的佛像（有的仍在原位）。窣堵坡前的会堂及其他辅助建筑目前均处于残墟状态（图4-177~4-179）。城市其他遗存中尚可一提的还有松桥寺，其带围墙的院内除大型莲花座主塔外，还有13座小莲花座塔（图

4-180）。

[兰纳时期]

泰国北部的渊恭甘曾是兰纳王国首任君主孟莱王（Mangrai the Great，1238~1317年）在1292年战胜孟族的骇黎朋猜王国之后选定的都城（位于宾河岸边，由于河水泛滥，不久后将都城迁往北面5公里以外的清迈）。自1984年起，由泰国艺术局主持，在这里进行了一系列的发掘，除城市主要建筑、建于1300年的利安寺塔（图4-181、4-182）外，还揭示出其他一些

王页：

4-189清盛 普拉查-昭姆提寺塔
10世纪）。现状全景

页：

上）图4-190清盛 普拉查-昭姆
寺塔。近景

左下）图4-191清迈 古城。总平
示意（Marc Woodbury绘制）：
、素贴山；2、拉威城；3、七
寺（柴尤寺，约1455年）；4、松
寺（花园寺）；5、古代祠堂位
；6、城柱；7、清曼寺（约
297年）；8、普拉辛寺（1345
；9、大塔寺（1401年）

右下）图4-192清迈 七塔寺
（柴尤寺，1456/1457年）。东北
现状

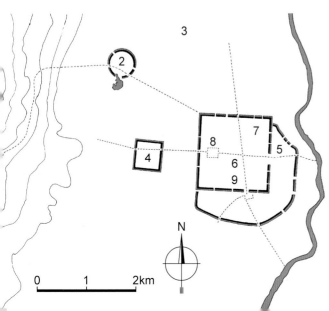

（左上）图4-193清迈 七塔寺。南侧景观

（右上）图4-194清迈 七塔寺。方尖塔近景

（右中）图4-195清迈 七塔寺。南侧佛像雕饰（总计72尊）

（左中及左下）图4-196清迈 七塔寺。雕像细部（这些神祇的面相据信是表现建筑的施主、兰纳王朝国王迪洛卡拉乍的亲属）

（右下）图4-197清迈 方塔寺（约建于1287年，1908年及1992年更新）。方塔及诵戒堂，现状

（左上）图4-198清迈 方
塔寺。诵戒堂，外景

（右上）图4-199清迈 方
塔寺。方塔，立面现状

（左中）图4-200清迈 方
塔寺。方塔，龛室及佛
像，近景

（下）图4-201南邦 罐丘
玉佛寺。现状外景

本页及右页：

（左上）图4-202南邦 罐丘玉佛寺。祠堂，内景

（右）图4-203泰国北部 采用缅甸屋顶样式的藏经阁

（中）图4-204清迈 乌蒙寺。佛塔，现状

（左下）图4-205清迈 松达寺（1383年）。寺院外景

遗迹（图4-183）。

同在泰国北部的清盛是座位于湄公河畔的古城，由于没有文字记载，人们对兰纳王国创立前的早期历史了解甚少（图4-184）。城市主要古迹柚林寺是一座可能建于1295年的砖塔，可视为与南奔寺庙相似的一种变体形式：底层及上层均设龛室，内置立佛像（图4-185~4-188）。位于城市西北一个山头上的普拉查-昭姆提寺塔，高25米，据信建于10世纪，即远在1325年王国创立前。基座四面均设龛室，内置灰泥佛像（图4-189、4-190）。

作为王国的中心，13~15世纪的清迈城拥有正东西向的方形平面，重要寺庙和王宫均位于市中心，外围城墙及护城河（图4-191）。所谓清迈风格的建筑在一定程度上系受到外来的影响，并在其最优秀的建筑作品上得到反映，如位于清迈郊区的七塔寺（柴尤寺，1456/1457年，图4-192~4-196）。为纪念佛陀去世2000周年[7]而建的这座寺庙可视为印度菩提伽耶摩诃菩提寺（舍利堂）的一个小型变体形式（墙面配有灰泥制作的浮雕）。兰纳王国的佛教信仰具有悠久的传统；由于1292年之前归孟族统治，佛塔表现出许多孟族建筑的特色，如平面方形，塔身呈阶梯状。清

图4-206清迈 松达寺。
塔，现状

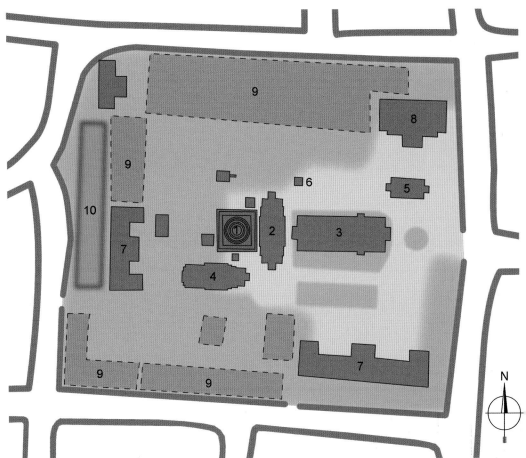

（上）图4-207清迈 普拉辛寺（小经堂
40~1345年，大经堂1385~1400年，戒
完成于1600年左右）。总平面：1、佛
（Chedi）；2、戒堂（Bot）；3、大经
（Viharn Luang）；4、小经堂（Viharn
Kham）；5、藏经阁（Hortrai）；6、钟
；7、学堂；8、主持居所；9、僧舍
Kuti）；10、莲花池（Lotus Pond）

（下）图4-208清迈 普拉辛寺。东北侧
景（前景为大经堂，后为戒堂及佛塔）

本页：

（上）图4-209清迈 普拉辛
寺。东南侧景色（自左至右
分别为小经堂、塔群及戒堂）

（下）图4-210清迈 普拉辛
寺。戒堂及大经堂，西南侧
景观

右页：

（上）图4-211清迈 普拉辛
寺。大经堂，东立面景色

（下）图4-212清迈 普拉辛
寺。小经堂，东侧，地段现状

本页及左页：

（左）图4-213清迈 普拉辛寺。小经堂，
东北侧，近景

（中）图4-214清迈 普拉辛寺。佛塔，东
南侧景色

（右）图4-215清迈 普拉辛寺。藏经阁，
外景（基台砖构外施灰泥，上层木构；基
座灰泥神像及上层山墙木雕皆为精品）

本页：

图4-216清迈 普拉辛寺。
小经堂，内景

右页：

（上）图4-217清迈 洛格
莫利寺。外景

（下）图4-218清迈 大埤
寺（1401年及以后）。经
堂，西北侧景色

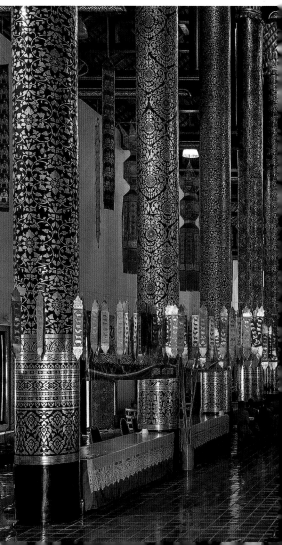

本页及左页：

（左上）图4-219清迈 大塔寺。经堂，东立面（其后为大塔）

（左下）图4-220清迈 大塔寺。经堂，东立面，夜景

（中下）图4-221清迈 大塔寺。经堂及主要佛像，内景

（右下）图4-222清迈 大塔寺。大塔，西南侧景观

（右上）图4-223清迈 大塔寺。大塔，西北侧全景

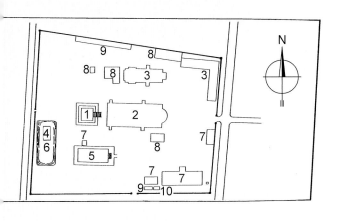

左页：

（上）图4-224清迈 大塔寺。大塔，东北侧现状

（下）图4-225清迈 大塔寺。大塔，北侧近景

本页：

（左上）图4-226清迈 清曼寺（13世纪末）。总平面：1、大塔；2、大经堂；3、小经堂（近代经堂）；4、藏经阁；5、诵戒堂；6、水池；7、楼阁；8、僧舍；9、卫生间；10、厨房

（左中）图4-227清迈 清曼寺。大经堂，东北侧景色

（左下）图4-228清迈 清曼寺。大经堂，西北侧现状

（右上）图4-229清迈 清曼寺。小经堂（近代经堂），东立面

（右下）图4-230清迈 清曼寺。诵戒堂（19世纪），东侧现状

迈的方塔寺（约建于1287年，现建筑为1908年及1992年两度更新的结果，图4-197~4-200）可作为这方面的一个典型实例。建筑于高基台上起五层方塔，底层角上由正面朝外的巨大石狮护卫，各层佛像展现出不同的手印[8]。南邦的罐丘玉佛寺建于孟族统治初期，为城市主要佛寺（内藏佛陀的头发），孟族风格的尖塔高50米，边上布置缅甸风格的柱厅（图4-201、4-202）。

1477年，上座部佛教最终成为兰纳国教。由于历史上的种种原因，其佛教建筑同时受到来自素可泰、锡兰、高棉及缅甸的影响（锡兰影响特别表现在佛塔造型上，屋顶结构则更多效法缅甸；图

本页及左页：

（左上）图4-231清迈 清曼寺。大塔（15世纪按原构重建），东南侧景色

（右）图4-232清迈 素贴山寺（双龙寺，1383年）。大塔，现状

（左下）图4-234清迈 素贴山寺。内景（现存建筑属16世纪，并经后世多次整修）

本页及右页：

（左上）图4-233清迈 素贴山寺。大塔及周边建筑，近景

（中）图4-235清迈 洛格莫利寺。佛塔，外景

（右上）图4-236帕尧 普拉塔京根（帕黛清庚）寺。寺院现状

（右下）图4-237帕尧 普拉塔京根寺。佛塔全景

（左下）图4-238大城王朝时期（1350~1767年）寺庙布局类型及演进（据Seckel，1964年，制图Marc Woodbury；总体趋势是越来越规整和标准化）

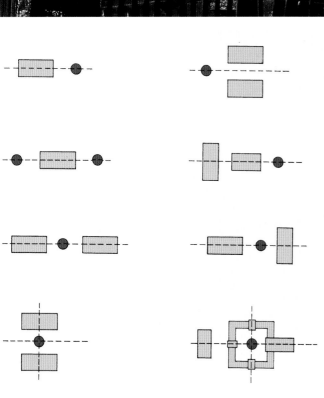

4-203）。

兰纳的佛塔大体可分为覆钟式和塔庙式两种。

覆钟式佛塔的塔身主要基于来自锡兰并经素可泰改良过的形式（覆钵拉长，下端向外展开幅度较小，接近圆柱体；上承方形平台，以塔脖和圆锥形相轮相连；如位于清迈西部山脚下的乌蒙寺佛塔，图4-204）。现存佛塔塔刹部分多为金属制作；有的

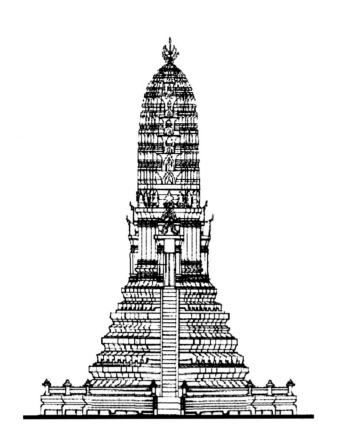

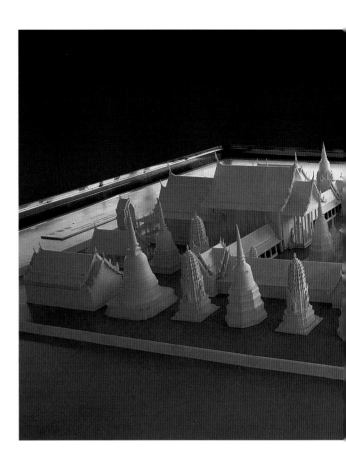

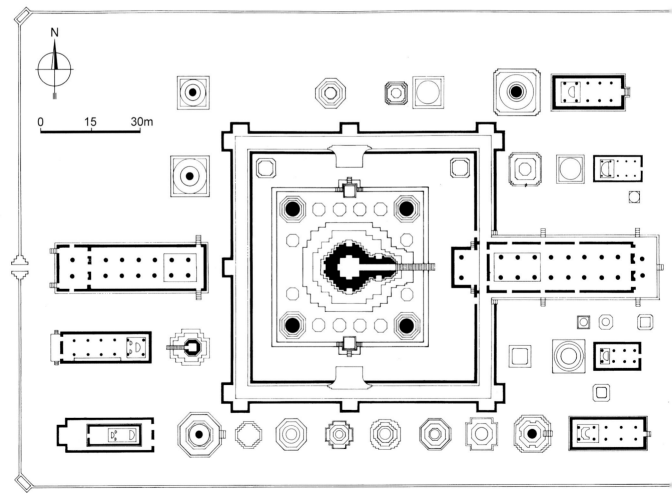

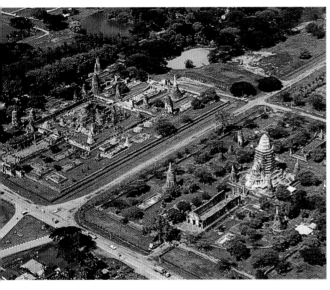

本页及左页：

（左上）图4-239 大城（阿育陀耶） 典型祠塔（prang）立面

（左下）图4-240 大城 拉差布拉那寺（王孙寺，约1384年）。总平面（Marc Woodbury绘制；主祠塔位于四角退阶的基台上）

（中上）图4-241 大城 拉差布拉那寺。模型（自北面望去的情景）

（右上及中下）图4-242 大城 拉差布拉那寺。卫星图（上为北）及自东北方向望去的俯视全景（南边为马哈塔寺，俯视图中位于左侧）

（右下）图4-243 大城 拉差布拉那寺。东侧，围墙入口残迹

还在塔脖子部分立一圈雕像（立佛或天女），上部以圆形伞盖遮挡，如清迈松达寺佛塔（位于老城墙西面，1383年，图4-205、4-206）。还有的如锡兰做法，于基台周围饰大象雕塑，如清迈普拉辛寺的佛塔（寺院位于城墙内，其小经堂建于1340~1345年，大经堂建于1385~1400年，戒堂完成于1600年左右；图4-207~4-216）。

　　塔庙式佛塔是综合采用高棉、缅甸、素可泰建筑手法的产物：方形基台取素可泰的王座形式，阶梯状基台和平台是"山庙"的象征；平面采用高棉常用的

折角方形，但四面门廊或壁龛饰缅式拱券，主体结构立面比例（高度小于面宽）亦异于高棉的立方体样式；屋顶采用整套佛塔造型，如清迈洛格莫利寺（图

（本页及右页上）图4-244大城 拉差布拉那寺。自东佛堂东门遥望主塔景色（两幅分别示山墙整修前后的情况）

（右页下）图4-245大城 拉差布拉那寺。东佛堂，自西侧向东望去的景色

本页及右页:

(左) 图4-246大城 拉差布拉那寺。主塔, 东侧入口

(中) 图4-247大城 拉差布拉那寺。主塔, 东南侧景色

(右两幅) 图4-248大城 拉差布拉那寺。主塔, 南侧, 全景及近景

图4-249大城 拉差布拉那寺。主塔，西侧现状

1032 · 世界建筑史 东南亚古代卷

图4-250大城 拉差布拉那寺。主塔，北侧景观

图4-251大城 拉差布拉那寺，南侧小塔，西南侧景观（共八座，仅西起第二座和东侧一座还屹立在那里）

本页：

（上）图4-252大城 拉差布拉那寺。直
佛堂，自东面望去的景色

（下）图4-253大城 拉差布拉那寺。主
塔，内景

右页：

（上两幅）图4-254大城 拉差布拉那
寺。壁画（1424年）：左、底层地窖
壁画，表现佛陀生平；右、上层地窖
壁画，表现神祇

（下）图4-255大城 马哈塔寺（约
1374年）。总平面（Marc Woodbury
绘制）：1、主祠塔；2、佛堂；3、戒
堂；4、祭拜厅

4-217）。塔内有空间可入的则于基台上设梯道上达
门廊，如大塔寺塔。其所在寺院建于1401年，除大塔
外尚有经堂等建筑（图4-218~4-225）。大塔由于各

种原因一直拖到15世纪中叶才完成，其时塔宽54米，
高82米，为泰国最大的这类建筑；但上部30米在1545
年地震中遭到严重破坏，塔体仅存原有高度的三分之

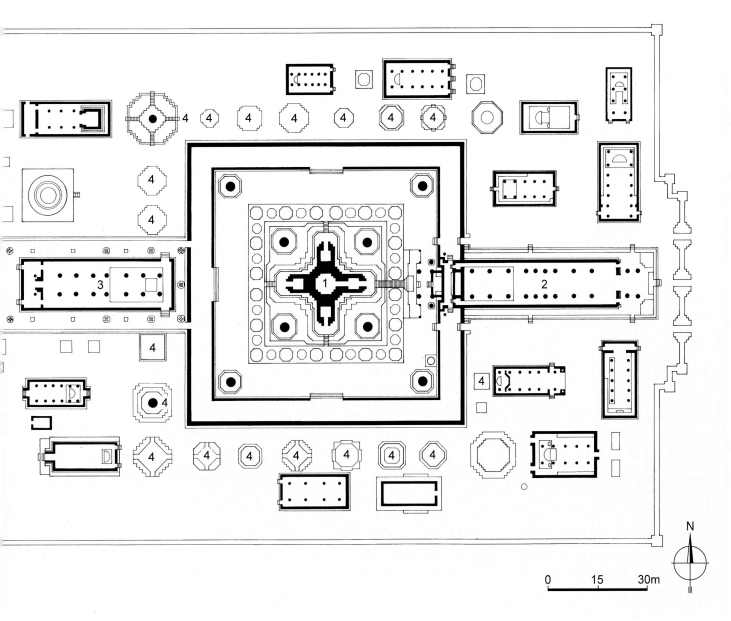

本页：

（上）图4-256大城 马哈塔
寺。主祠，西南侧现状

（中）图4-257大城 马哈塔
寺。自戒堂向东望主祠残迹

（下）图4-258大城 马哈塔
寺。残存佛塔及佛像，现状

右页：

图4-259大城 马哈塔寺。东
南区，佛塔遗存，西北侧景
色

（上）图4-260大
马哈塔寺。北区，
址现状

（下）图4-262大
拉姆寺（约1369年）
总平面（Marc Woo
bury绘制）

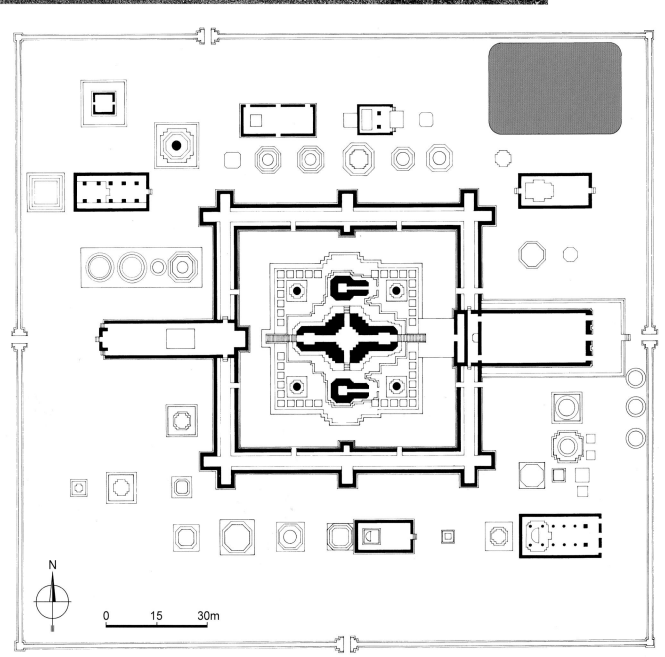

N

0   15   30m

二；1990年代早期在联合国教科文组织和日本政府资助下部分修复，但由于采用了泰国中部风格而非兰纳风格，效果并不理想。如塔像窣堵坡那样不可进的则于四面饰假门或壁龛，不设梯道，如清迈的清曼寺塔。这是清迈最老寺院，建于1296~1297年，除大塔外，同样配有有大小经堂等建筑（图4-226~-231）。

至兰纳王国后期，佛塔基台体量进一步扩大，变为双层或多层，上承三层凸出的圆形线脚（或平台）及覆钟式佛塔。始于素可泰后期的这种组合终成兰纳王国佛塔的主导类型，如颂塔寺和素贴山寺大塔（位于城市西北素贴山上，为城市最著名寺院，建于1383年，图4-232~4-234）。

（左上）图4-261大城 马哈塔寺。入口附近被菩提树根缠绕的残毁佛像头部

（下）图4-263大城 拉姆寺。模型（自北面望去的情景）

（右上）图4-264大城 拉姆寺。西北侧全景

（上）图4-268大城 拉姆寺。主塔，西南侧景观

（右下）图4-269大城 拉姆寺。主塔，东北侧现状

（左中）图4-270大城 拉姆寺。东佛堂，向西望去的景色

（左下）图4-271大城 拉姆寺。西佛堂北面小塔，北侧景观

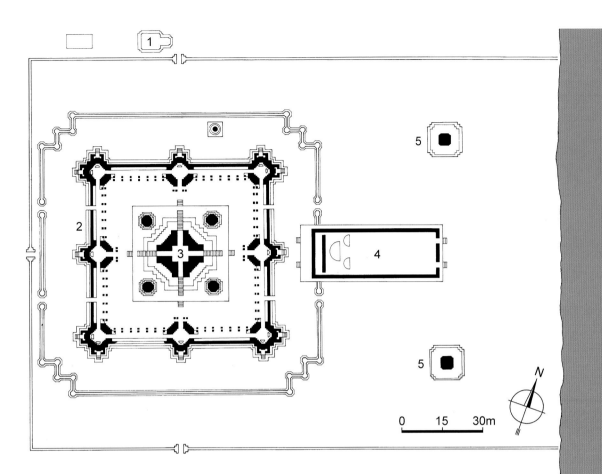

采用方形折角平面本是高棉建筑特征之一（如披迈石宫和吴哥窟），在兰纳诸塔，这种做法不仅大大丰富了立方体基台的构图，同时也使基台与上部圆形或多边形覆钟间的过渡更加顺畅（如洛格莫利寺塔，图4-235）；在后期，由于折线增多，平面已近八角形，且折线一直延伸到塔顶，如大城后期佛塔的做法。但像帕尧的普拉塔京根寺佛塔那样（图4-236、4-237），将三层圆形线脚加高，形成八角形锥体平

台的做法当属兰纳时期的独创。

[大城（阿育陀耶）时期]
大城寺庙在总体形制上主要是受高棉（特别是

（左上）图4-274大城 猜瓦他那拉姆寺。北侧现状
（下）图4-275大城 猜瓦他那拉姆寺。西北侧全景
（右上）图4-276大城 猜瓦他那拉姆寺。西侧景观

（上）图4-277大城 猜瓦他那拉姆寺。西南侧全景

（左中及左下）图4-278大城 猜瓦他那拉姆寺。主塔现状（上下两幅分别示东北侧及西北侧景色）

（右下）图4-279大城 猜瓦他那拉姆寺。主塔，近景（墙面上多处辟装饰华美的假窗）

（吴哥组群）的影响，如以东西向为主轴，正面朝东寺。具体布置上则可有各种变化（图4-238）。9世纪后，高棉帝国的统治扩展到现泰国中部及南部并在那里建造寺庙。以后的泰国祠庙就是在11～12世纪带炮弹形屋顶的高棉塔庙的基础上发展而来的，只是其中又融入了印度北部顶塔的要素及莲花的造型（图4-239）。祠庙一般位于会堂（vihan）之后，以围廊环绕（廊内靠墙一般还设置成排佛像）；围廊除在仪式期间为信徒提供遮风避雨的处所外，还象征环绕须弥山（主要祠庙）的群山。有的寺庙效法吴哥的梅

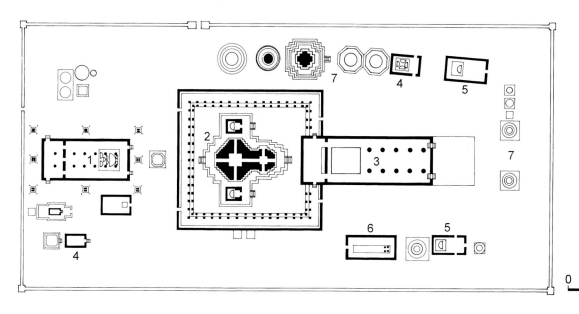
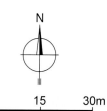

花形布局，主要祠庙位于围廊中心的平台上，平台 4-240~4-254）、马哈塔寺（约1374年，小塔位于角塔
四角立角塔，各面另立一排小塔，如大城的拉差布 外，下层平台上，图4-255~4-261）；有的还在中心
拉那寺（王孙寺，约1384年，小塔位于角塔之间，图 祠庙两侧平行设置小祠堂，如拉姆寺（约1369年，图

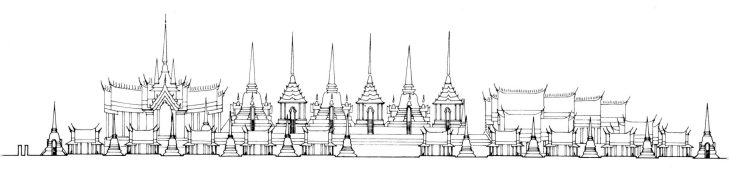

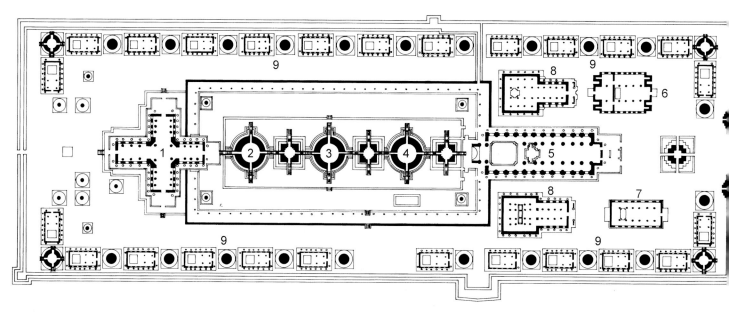

0   20

（本页上）图4-292大城 喜善佩寺
（"圣辉寺""全能壮美圣寺"，约
1500年）。总平面及建筑群立面
（Marc Woodbury绘制），平面图中
1、十字佛堂；2、西塔；3、中塔；
4、东塔（以上三塔均为安置国王
遗骨的祠塔，三位国王在位时期分
别为1448~1488年、1488~1491年、
1491~1529年）；5、祭拜堂；6、朝
东厅（Sala Chom Thong）；7、喜
善佩佛堂；8、佛堂；9、周边祠堂
及小塔

（右页上）图4-293大城 喜善佩寺。现
北侧，俯视全景

（本页下及右页下）图4-294大城 喜
善佩寺。中央组群，东南侧景色，远
景及近景

（上）图4-295大城 喜善佩
寺。中央组群，东南侧，夕
阳下的景观

（下）图4-296大城 喜善佩
寺。中央组群，南侧全景

4-262~4-271）。这种来自高棉建筑的布局方式直到曼谷时期仍在沿用，只是以会堂或诵戒堂取代了围廊中心的祠庙。

在个体建筑上，基台大都由三层须弥座组成。塔

身原有内部空间，用于收藏圣骨或经文（到曼谷时期已不复存在，演变成实体结构）。象征须弥山的顶塔现增至七层。由于层间内收幅度相应缩减，阶梯形外廊已不明显，整体的垂直动态则有所增强。屋顶立湿

（上下两幅）图4-297大城 喜善佩寺。中央组群，西南侧现状

（本页上）图4-298 大均

喜善佩寺。中央组群，西

北侧景观

（本页下及右页）图4-29

大城 喜善佩寺。中央组

群，东侧近景

本页：

图4-300大城 喜善佩寺
东塔，东南侧现状

右页：

（左上）图4-301大城 喜
善佩寺。东塔，内景

（左中）图4-302大城 喜
善佩寺。祭拜堂（右）大
北佛堂（左），自西面望
去的景色

（右上）图4-303大城 喜
善佩寺。祭拜堂，西南侧
景观

（右中）图4-304大城 喜
善佩寺。祭拜堂东侧亭阁
残迹现状（西北侧景观）

（左下）图4-305大城 喜
善佩寺。十字佛堂，自北
面望去的残迹景色

（右下）图4-306大城 喜
善佩寺。北佛堂，遗址东
侧景观

婆的三叉戟，象征闪电（见图4-239）。

　　早期祠庙除东面入口设门廊外，其余三面仅设假门或不与内祠相通的门廊，如马哈塔寺的中央祠庙。后期大都四面出门廊，但只是正面（东侧，有时也包括西侧）设凸出的门厅，南北侧仅有凸出较少的门廊。

　　成熟期的寺庙通常四面各出一个门廊，但除了正面（东面）设凸出的入口门厅外，其余三面仅有进深不大的门廊。门厅两侧同样出门廊或假门，屋顶遂成拉丁十字形并于交点上立小塔，如拉姆寺、拉差布拉

那寺、猜瓦他那拉姆寺（图4-272~4-286）和普泰萨旺寺（完成于1353年，位于河南岸最初的临时居民点内，图4-287~4-291）。

从大城的残墟中，可以看到泰国"钟形"窣堵坡（"pra chedi"，通常周围还布置类似形式的小型窣堵坡或祠堂）的演化进程。按佛教传统，这类结构大都安置圣者的遗骨；但在大城，它显然是用作国王的葬仪建筑。位于窣堵坡内部的隐秘房间饰有壁画，充满了奉献及还愿物品。在这方面最具代表性，保存得最为完整，给人印象也最为深刻的作品是大城南

（上下两幅）图4-307大城 喜善佩寺。南佛堂，遗址现状

（左上）图4-308大城 喜善佩寺。琼东厅（位于北佛堂东侧），西北侧外景

（左中上）图4-309大城 喜善佩寺。琼东厅，东侧现状

（左中下）图4-310大城 喜善佩寺。琼东厅，内景

（左下）图4-311大城 喜善佩寺。周边小塔残迹

（右）图4-312大城 喜善佩寺。大门木雕[守门天，15世纪后期或16世纪初，现存大城昭萨帕拉雅国家博物馆（Chao Sam Phraya National Museum）]

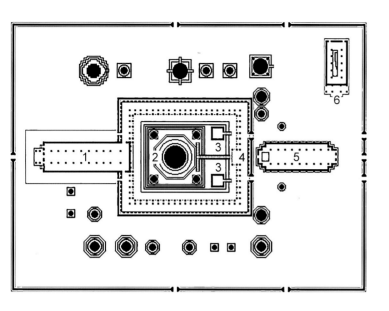

本页及右页：

（左上）图4-313大城 蒙功寺（1357年）。总平面：1、会堂；2、主
塔；3、方亭；4、围廊；5、戒堂；6、卧佛堂

（中）图4-314大城 蒙功寺。主塔，自东南方向望去的景色（右为
戒堂）

（左下）图4-315大城 蒙功寺。主塔，自东北方向望去的情景（右
侧为围院北面东端佛塔）

（右）图4-316大城 蒙功寺。主塔，东侧景色

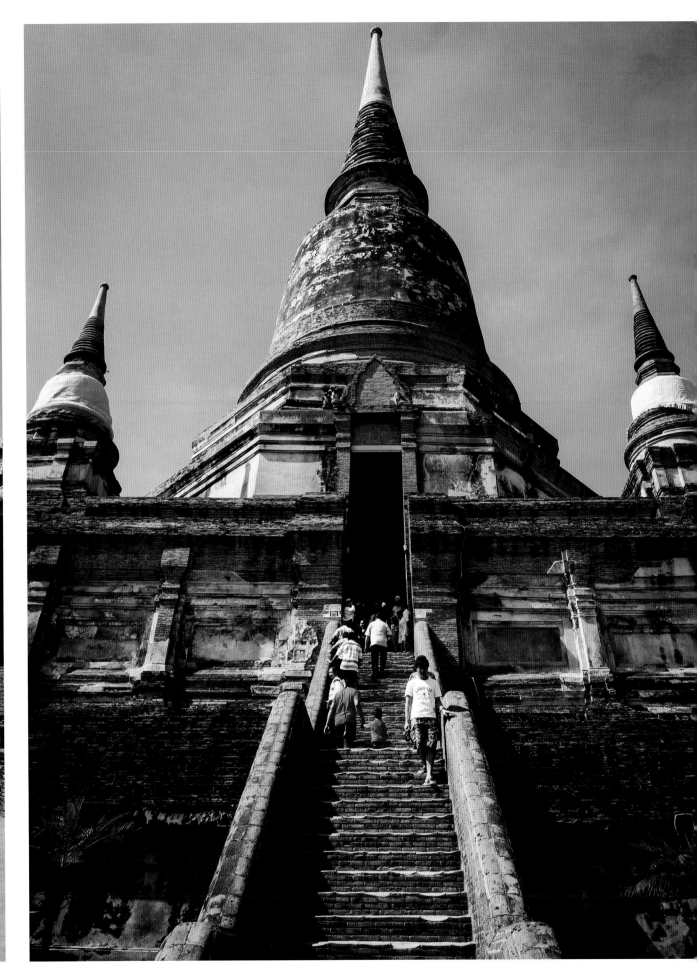

部的喜善佩寺（"圣辉寺""全能壮美圣寺"）（约
1500年，图4-292~4-312）。这是古都老王宫遗址上
最受尊崇的寺庙，在被缅甸入侵者破坏前，一直是
都城最大、最美的这类作品，并成为曼谷玉佛寺的
样板。

1350年，大城王国（Ayutthaya Kingdom）的创立

本页：

（上）图4-321大城　　
功寺。卧佛像（经近　
修复）

（下）图4-322大城　　
山寺（普考通寺，15●
年，轮状尖塔1745●
修复）。总平面（Ma
Woodbury绘制；三●
台地代表佛教的三界

右页：

（上）图4-323大城　　
山寺。俯视景观

（下）图4-324大城　●
山寺。主塔，现状全●

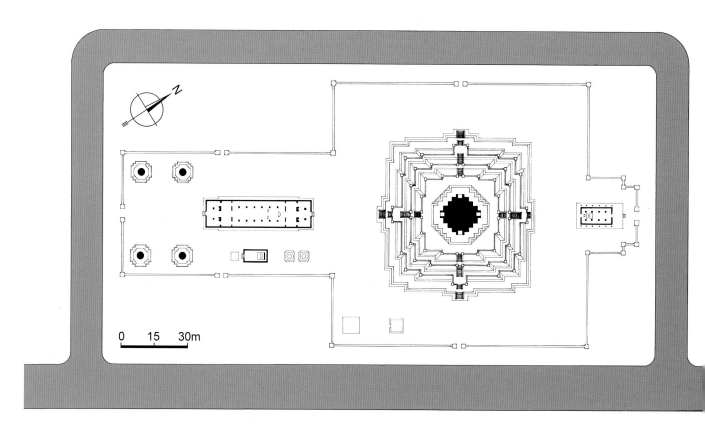

和第一代国王乌通下令在现喜善佩寺所在地建造一
座王宫。宫殿由三座木构建筑组成，在它完成的1351
年，此时改称拉玛铁菩提一世的这位国王确立大城为
全国都城。城市位于岛上，是几条河流的汇集处。受
岛屿形状的影响，城市整体呈不规则形态。1448年，
国王博隆玛·德赖洛贾那（1431~1488年，1448~1488
年在位）在北面建造了一座新宫，并将老宫所在地
改为王室圣地。1492年，他的儿子拉玛铁菩提二世
（1491~1529年在位）在那里建造了两座半球形的大
型砖构窣堵坡（泰国称Chedis，外覆灰泥），作为他
父亲和哥哥（国王博隆玛拉差三世，1488~1491年在
位）的埋葬地。

　　1499年，在宫殿基址上又建了一座王室寺庙（位
于窣堵坡东面），拉玛铁菩提二世同时下令在大厅内
部铸造一座巨大的立佛像。立在长8米基座上的这
尊铜铸佛像高16米，重64吨，表面覆金343公斤，
费时三年多完成，是这座王室祠庙内的主要祭祀对
象[雕像称喜善佩（圣辉），以后遂成整个寺庙的
名称]。

　　另一座窣堵坡系于1529年国王博隆玛拉差四世
（1529~1533年在位）任内修建，内置拉玛铁菩提

（上）图4-325大城 金山寺
主塔，立面景色

（下）图4-327碧武里（佛丕
素万那拉姆大寺（17世纪后
期~18世纪初）。现状外景

4-326大城 金山寺。主塔，
景

二世的遗骨。这三座窣堵坡均布置在以通廊环绕的台地上。

国王那赖任内，建筑群西侧又增建了一座平面十字形的祭拜堂（那赖堂）。窣堵坡之间的方形建筑是这时期还是以后建造则不太清楚。

18世纪40年代国王博隆玛戈德任内寺庙进行了更

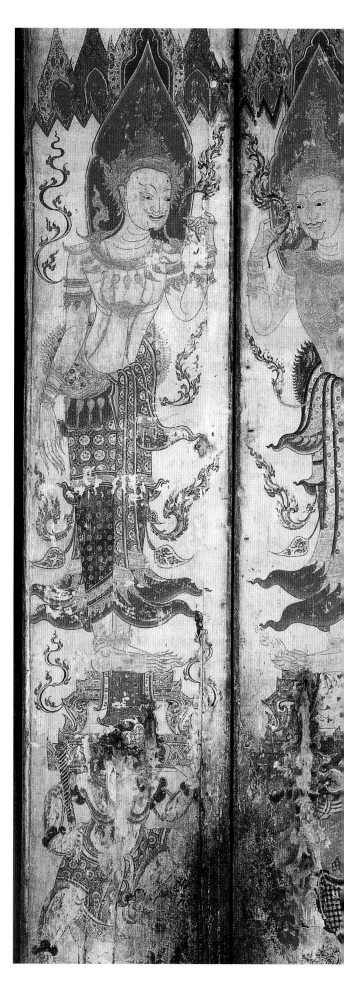

本页及左页：

（左上）图4-328碧武里 素万那拉姆大寺。屋顶细部（图示绕戒堂的廊道屋顶，采用了橙色、红色和绿色的瓦片）

（中）图4-329碧武里 素万那拉姆大寺。戒堂，木门彩绘（守门天形象，位于门内侧，典型的大城风格作品）

（左中）图4-330碧武里 戈寺（1734年）。外景

（左下）图4-331碧武里 戈寺。内景（佛像后面的壁画表现战斗场景，侧墙壁画纳入菱形框架内）

（右）图4-332碧武里 戈寺。壁画（表现须弥山的各个层位）

新。1767年，缅甸人入侵前夕，建筑群达到极盛时期。中央区段包括三座镀金的窣堵坡，以及相间布置的三座镀金的方形建筑（mondop，内藏祭拜物品）和两座巨大的祭拜堂（vihara）。

1767年缅甸入侵期间，包括寺庙组群在内的大城建筑悉数遭到破坏、焚毁。至20世纪初期，仅最东面一座窣堵坡仍然耸立在那里。现人们所见的三座窣堵坡均系1956年整治和修复。两座大堂未修复，但遗迹尚存。曾在东大堂的著名佛像已在1767年的劫掠中被

本页：

（上）图4-333碧武里 马哈□□塔寺。寺院现状

（下）图4-334碧武里 马哈□□塔寺。佛像

右页：

图4-335曼谷 19世纪90年代后期城市总平面（Rua□ Xing, Clarence Aasen和Ma□ Woodbury绘制；中央为178□年的壕沟及设防城堡，其外为1850年的壕沟和城堡）

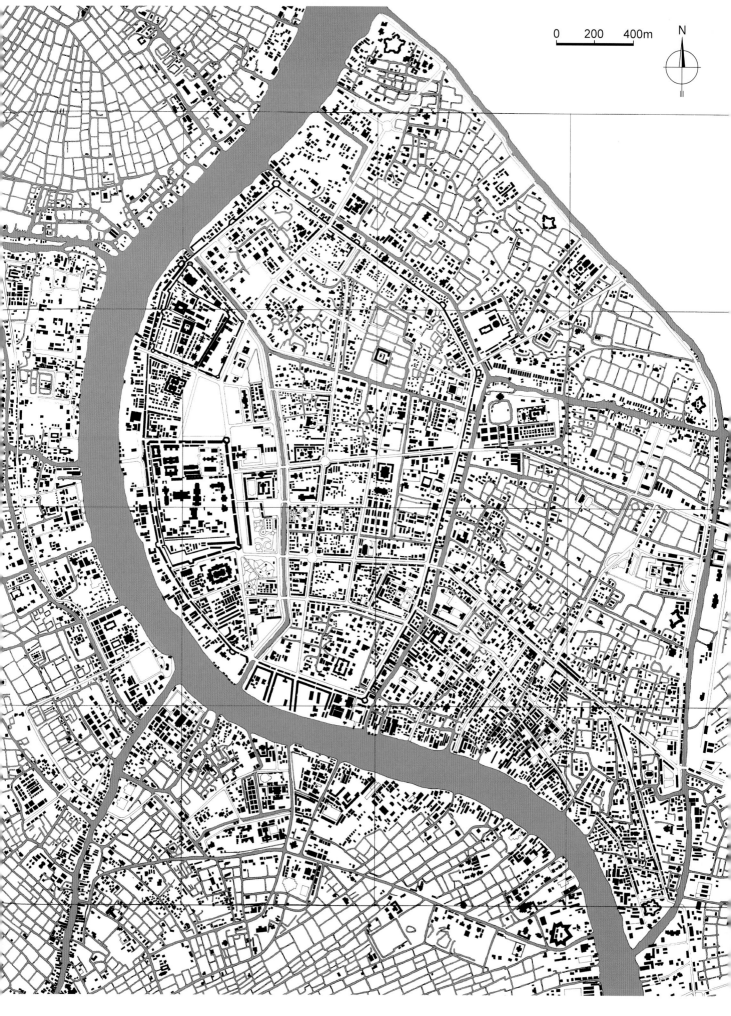

第四章 泰国·1073

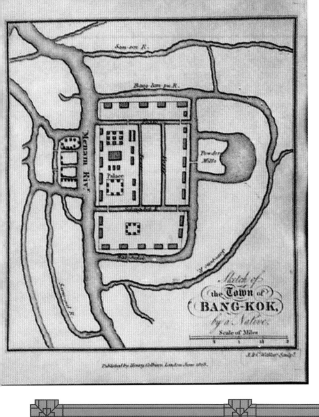

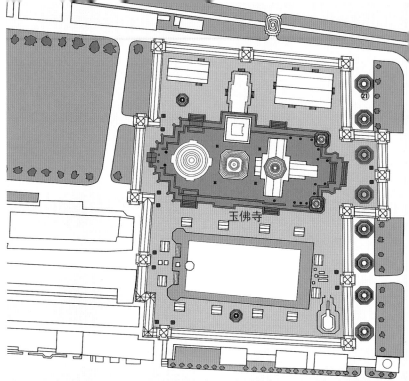

玉佛寺

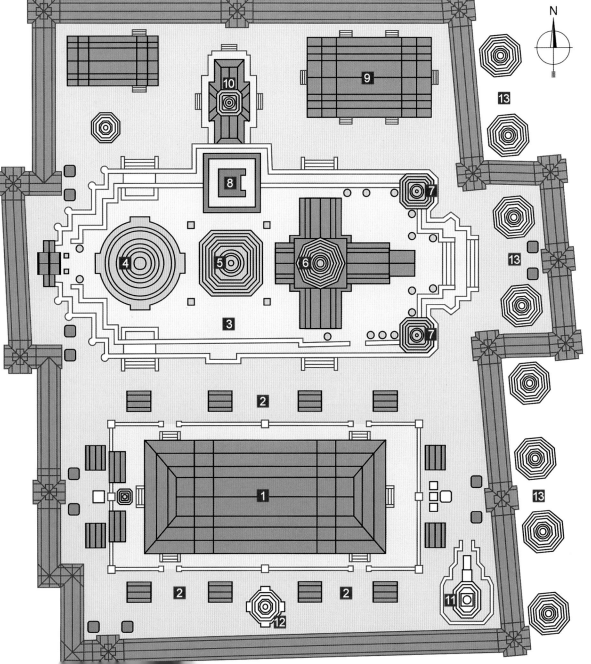

本页及左页：

（左上）图4-336曼谷 早期地图（可看到拉
马一世于18世纪末开凿的与湄南河相连的
运河，如此围成的岛区成为王宫所在地）

（中上及左下）图4-337曼谷 玉佛寺。地
段形势及总平面，总平面图中：1、玉佛
寺；2、小堂（共12座）；3、上台地；4、金舍
利塔；5、藏经阁；6、王室宗庙（碧隆天神
庙）；7、双金塔；8、吴哥窟模型；9、王室法
藏殿；10、尖顶佛殿；11、犍陀罗佛像祠堂；
12、钟亭；13、大乘塔（八座）

（右两幅）图4-338曼谷 玉佛寺。东北侧
俯视景色（下图左面大殿为玉佛庙，右为
上台地三座建筑）

页：

（上）图4-342曼谷 玉佛寺。院落景色（自东侧入口内场地向西南
□向望去的景色，右侧为王室宗庙入口台阶，照片中间为宗庙两
□的双金塔之一，其后可看到主殿玉佛庙）

（下）图4-343曼谷 玉佛寺。院落景色（自院落西南角北望情景，
□侧为玉佛庙，中间为玉佛庙台地上的小祠堂及台地下供香客祭
□时放置贡品及休憩的小堂，背景为金舍利塔）

本页：

（上）图4-344曼谷 玉佛寺。玉佛庙（1783年），平面（David Craig
□制）

（下）图4-345曼谷 玉佛寺。玉佛庙，西南侧景观

熔化，仅存铜壳。窣堵坡间的方形建筑目前仅存基础。

采用大城风格的佛塔大都如斯里兰卡那样，平面
为圆形，采用环状基础，上部为钟形。大城府的这些
佛塔在素可泰、兰纳覆钟形塔的基础上，进一步有所

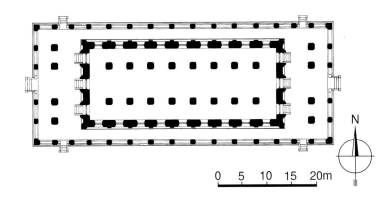

（本页上）图4-346曼
玉佛寺。玉佛庙，东
景色

（本页下及右页）图4-3
曼谷 玉佛寺。玉佛庙，
南侧现状

发展，在上部平台和相轮之间塔脖处增添了一圈柱子（见图4-299）。下部或在方形基台上起三层圆形或八边形平台，或直接立在圆形或八角形平台上。基台上部或如素可泰先例，四面设壁龛；或如高棉塔庙，各面设门廊进入内祠（如喜善佩寺）。

以后，覆钟形佛塔又汲取了锡兰、素可泰和室利佛逝塔庙的一些特色。方形基台增高，形成两层或三层阶梯状（如蒙功寺，图4-313~4-321）。山庙佛塔

本页：

（上）图4-348曼谷 玉
寺。玉佛庙，北侧，自王
宗庙平台上望去的景色

（下）图4-349曼谷 玉
寺。玉佛庙，入口，近景

右页：

图4-350曼谷 玉佛寺。玉
庙，廊道雕饰（基座部位
金色迦鲁达雕像，总数
112个）

平台处折角增多，且一直延伸至钟形覆钵上，如金山寺（普考通寺，图4-322~4-326）。

除大城外，这时期另一个尚可一提的城市是原为高棉人前哨基地的佛丕。在被遏罗人占领后城市曾数次易名，现称碧武里。市内始建于17世纪的素万那拉姆大寺，于19世纪末拉玛五世时期再度更新。华美的木构厅堂内安置带精致木雕的讲道坛。主要祠堂内的壁画至今已有300年历史（图4-327~4-329）。建于1734年的戈寺，是座建筑上相对简单的寺院，其主要价值在诵戒堂内表现佛祖生平和佛教圣地的壁画（图4-330~4-332）。马哈塔寺的创建可上溯到素可泰时期，原有壁画仍保存完好。佛堂内供奉三尊主要的佛像，惟寺内高耸的白色主塔及周围4座小塔已属19世纪（图4-333、4-334）。

正页：

（上及左下）图4-351曼谷 玉佛寺。玉佛庙，廊道雕饰，细部（半鹫半人的迦鲁达站在蛇神那迦身上并抓着它们的尾巴，下面是成排的植物题材装饰）

（右下）图4-352曼谷 玉佛寺。玉佛庙，山墙，近景及雕饰细部

下页：

图4-353曼谷 玉佛寺。玉佛庙，内景（玉佛位于最高处）

（本页及左页两幅）图4-354曼谷 玉佛寺。玉佛庙，玉佛近景（像高仅60厘米）

本页：

（左上）图4-355曼谷 玉佛寺。玉佛庙，周围小堂及平台石标（供香客祭奠时放置贡品及休憩的小堂共12个，围绕台地布置，南北侧各四个，东西侧各两个）

（右上）图4-356曼谷 玉佛寺。玉佛庙，基座及石标近景

（下）图4-357曼谷 玉佛寺。玉佛庙，堂屋檐及山面细部

右页：

（上）图4-358曼谷 玉佛寺。上台地，由南侧俯视全景[自左至右依次为金舍利塔、藏经阁、王室宗庙（碧隆天神庙）和后者入口两侧的双金塔之一，右侧可看到玉佛庙北侧的四座小堂]

（下）图4-359曼谷 玉佛寺。上台地，由玉佛庙西廊望去的景色

本页及右页:

(左) 图4-360曼谷 玉佛寺。上台地,西侧全景,三座建筑采用了泰国几种主要的顶塔造型,即覆钟形的塔(chedi)、多层的尖塔(mondop)和形体更为粗壮的庙塔(prang,耸立在王室宗庙的屋顶上)

(中) 图4-361曼谷 玉佛寺。金舍利塔,北侧,立面全景

(右上) 图4-362曼谷 玉佛寺。金舍利塔,东南侧景色

(右下) 图4-363曼谷 玉佛寺。金舍利塔,近景

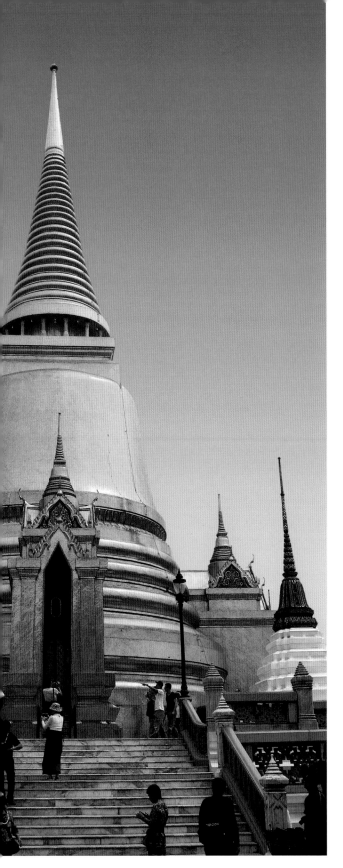

[曼谷时期]

　　在建筑上，自1782年以后直至19世纪的泰国建筑
被称为曼谷风格（Bangkok Style）。这座新的都城力
图在规划和设计上能与被破坏的大城媲美。其老城沿
河成扇形展开，由运河和城墙进一步分划，皇宫位于
中部靠河岸处（图4-335、4-336）。由于大量移民的

（本页上及右页）图4-36
曼谷 玉佛寺。金舍利塔
入口及塔体仰视

（本页下）图4-365曼谷 玉
佛寺。藏经阁，南侧现状

涌入，新都的许多宗教建筑和宫殿都在传统形式上增添了中国特色的装饰。建筑常以瓷砖作饰面，多层木构重檐屋顶上色彩艳丽的瓷砖往往和白色的墙面形成鲜明的对比。山面和封檐板上饰有吴哥及印度教的神话形象，诸如蛇神那迦、毗湿奴及湿婆（分别骑在大鹏金翅鸟迦鲁达和公牛南迪身上）等。木制门窗扇皆施雕刻，或刷黑漆及金色，或镶珍珠母，表现护卫神祇及花草图案。

玉佛寺

曼谷著名的玉佛寺为大王宫建筑群的组成部分（图4-337~4-343）。寺院位于围墙内的宫区东北

页：

4-366曼谷 玉佛寺。藏经

，西南侧全景（背景为王

宗庙的顶塔）

页：

4-367曼谷 玉佛寺。藏经

，入口近景

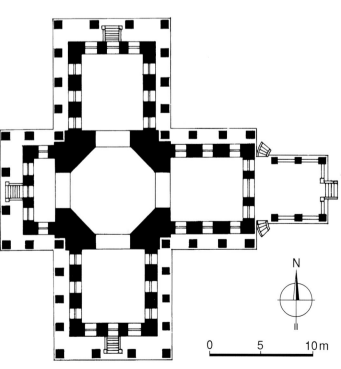

本页及左页：

（左上）图4-368曼谷 玉佛寺。藏经阁，基座细部（上层为作祈祷状的提婆，下层为持同样姿势的阿修罗和迦鲁达）

（左下）图4-369曼谷 玉佛寺。王室宗庙（碧隆天神庙，1855年，1903年于一次大火后修复），平面（Aqdas Qualls绘制；希腊十字，中心上起三层屋顶及顶塔）

（中下）图4-370曼谷 玉佛寺。王室宗庙，20世纪初景观（老照片，约1900年，摄于焚毁前）

（右下）图4-371曼谷 玉佛寺。王室宗庙，东南侧全景

（右上）图4-372曼谷 玉佛寺。王室宗庙，自玉佛庙平台处望去的景色

本页：

图4-373曼谷 玉佛寺。王室
宗庙，东立面，全景

右页：

（左上）图4-374曼谷 玉佛
寺。王室宗庙，东门廊，东
南侧景观

（右上）图4-375曼谷 玉佛
寺。王室宗庙，南门廊，东
南侧现状

（下）图4-376曼谷 玉佛
寺。王室宗庙，交叉处近景

角，面积94.5公顷（约占宫区总面积的四分之一），由时间跨越200年的上百个建筑组成，采用了所谓"老曼谷风格"（Rattanakosin Style）。寺内主要建筑有主殿玉佛庙（大雄宝殿）及位于大殿北面上台地的金舍利塔（乐达纳塔）、藏经阁和王室宗庙等。

用贵重石材建造并有丰富装饰的玉佛寺主殿（玉佛庙）是一座平面矩形的建筑，建于1783年拉玛一世时期，颇似古都大城的寺庙（图4-344~4-357）。陡峭的凹面屋顶有三层重檐，覆以亮丽的橙色及绿色瓦片，最上面饰有龙首、龙鲮、凤尾等形象，封檐板刻骑金翅鸟的那罗延造像（这种屋顶形式可用于各种聚会厅堂，内部可以是单一本堂，也可有三条廊道）。

本页及右页：

（左上）图4-377曼谷 玉佛寺。王室宗庙，北门廊，西北侧景色

（中上）图4-378曼谷 玉佛寺。王室宗庙，顶塔近景（高棉风格，表面满覆彩色镜面琉璃瓦，雷电状的顶饰象征湿婆）

（左下）图4-379曼谷 玉佛寺。王室宗庙，东山墙细部（饰王冠图案，为国王拉玛四世的主要标志）

（中下）图4-380曼谷 玉佛寺。王室宗庙，内景（供奉却克里王朝七位先王的足尺铜像）

（右）图4-381曼谷 玉佛寺。王室宗庙，双金塔，南塔远观

上页：

图4-382曼谷 玉佛寺。王室
宗庙，双金塔，北塔远景及
宗庙东侧大台阶

本页：

图4-383曼谷 玉佛寺。王室
宗庙，双金塔，北塔全景

对页：

图4-384曼谷 玉佛寺。王
室宗庙，双金塔，近景
（由绕塔布置的神怪人物
支托塔底）

本页：

（上）图4-385曼谷 玉佛
寺。王室宗庙，双金塔，
神怪细部（身上镶嵌玻璃
马赛克）

（下）图4-386曼谷 玉佛
寺。王室宗庙，双金塔，
塔尖近景

属18世纪的山墙由华美的大理石建造。大殿周围回廊上覆琉璃瓦，柱子上镶嵌马赛克。内部玉佛像布置在面对入口的尽端，位于高高的圣坛上，由一整块翠绿璧玉（翡翠）雕成，呈瑜伽坐姿，高约66厘米，两膝盖之间宽48.3厘米，上置多层华盖，周围满布镀金装饰。圣坛上部保留了部分最初结构，基座为国王拉玛三世时增建。门拱和窗拱皆为方形上置尖顶，镶贴金箔和彩色玻璃，门窗的贝壳镶嵌属拉玛一世时期。总的来看，庙宇基本上保持了拉玛一世创建时的最初设

本页及左页：

（左上）图4-395曼谷 玉佛寺。钟亭，西侧现状

（左下）图4-396曼谷 玉佛寺。钟亭，东北侧景色（自玉佛庙平台上望去的情景）

（中）图4-397曼谷 玉佛寺。钟亭，上部结构近景，前景为围绕玉佛庙的12座小堂之一

（右）图4-398曼谷 玉佛寺。大乘塔，外景（共八座，照片所示为南侧围墙外三座，自东北方向望去的
景色）

本页及右页:

(左及中) 图4-399曼谷 玉佛寺。大乘塔,围墙内北塔(左)及南塔(中),外景

(右) 图4-400曼谷 玉佛寺。大乘塔,近景

计，仅局部进行了改造。木结构部分在国王拉玛三世和拉玛五世（朱拉隆功）时期进行了更替。在国王拉玛四世（蒙固）统治时期，增建了西侧的三个房间、

精美的门窗和铺地的铜板。

　　大殿内部四边均有壁画；前边是佛陀成道前遭受群魔骚扰图，后部是三界画图，均完成于拉玛一世时

期。两侧的壁画，包括佛陀生平的各个阶段（诞生、
成道和涅槃）及国王巡狩图，为拉玛三世和四世时代
制作或整修。

　　围绕大殿的12个独立厅堂（salas）亦属拉玛一世
时期，其内安放柬埔寨和爪哇等地区的艺术品。

　　玉佛庙北面为上台地，上面布置了三座重要建筑
（图4-358~4-360）。西头的金舍利塔为一僧伽罗风
格的钟形窣堵坡，钟形结构上的尖塔由逐渐缩小的同
心轮环组成，立在由小柱廊围绕的基部和方形基座上
（图4-361~4-364）。台地中间平面折角方形的藏经
阁建于拉玛一世时期，于立方形体上布置逐层缩小的
基座，上冠尖塔（图4-365~4-368）。位于台地东面

（玉佛庙东北方向）的王室宗庙（碧隆天神庙）平面
类似希腊十字，内藏诸王雕像，为上台地最重要的建
筑（图4-369~4-380）。原构属拉玛四世时期（1855
年），但于1903年被火灾焚毁，现状为拉玛五世重
建。这是一座效法高棉的塔楼式寺庙（prasat），屋
顶四层重檐，中央比例纤细的高耸顶塔（prang）本
是一种来自高棉的样式，但在暹罗已被加以程式化的
改造。主立面前方两边另有两座拉玛一世为纪念父
皇母后而建的造型华丽的金塔（称双金塔，图4-381~
4-386）。

　　寺院内其他建筑尚有位于北部的尖顶佛殿（平
面矩形，南北带凸出部分，形成准十字形，现状

为拉玛三世时期重建；图4-387~4-389）、王室法藏殿（平面矩形，建于拉玛一世时期；图4-390、4-391）、犍陀罗佛像祠堂（位于寺院东南角，平面抹角方形，前出门厅及门廊，建于拉玛四世时期；图4-392~4-394）及玉佛庙南侧新建的钟亭（图4-395~4-397）。

本页及左页：

（左）图4-405曼谷 玉佛寺。神话形象雕塑：鸟人（Kinnari, Kinnaree，女性）

（中及右）图4-406曼谷 玉佛寺。神话形象雕塑：夜叉（Yakṣa, Yak, Yas，守护神）

　　拉玛一世时期另于寺院东侧建造了一排计八座大乘塔（仅两座被圈入围墙内，其他六座均在墙外，图4-398~4-400）。当时是普通的白色大塔，到拉玛三世时期重新装修并贴上不同颜色的瓷片（各塔及供养对象：白塔-佛陀；深蓝色塔-佛法；粉红色塔-僧侣；绿色塔-尼僧；紫色塔-过去诸佛；蓝色塔-圣王；

本页：

（上）图4-407曼谷 玉佛
寺。神话形象雕塑：夜叉
细部

（下）图4-408曼谷 黎明
（旭日寺，郑王庙，创建
于17世纪，塔群为19世纪
初）。主塔组群，平面及立面
（David Craig绘制，经改绘）

右页：

（左上）图4-409曼谷 黎明
寺。卫星图，北面（右上
方）为戒堂及入口门楼

（右上）图4-410曼谷 黎明
寺。19世纪后期景色（老照
片，约1890年，R. Lenz摄）

（下）图4-411曼谷 黎明
寺。晨曦全景（自湄南河大
向望去的景色）

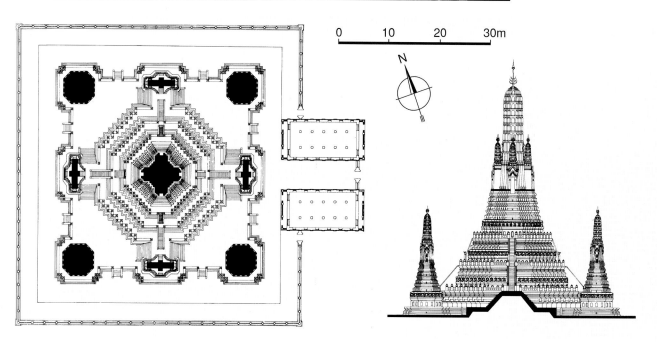

本页：

（上）图4-412曼谷 黎明
寺。夜景

（下）图4-413曼谷 黎明
寺。戒堂，入口门楼，立面
现状（朝东北方向）

右页：

图4-414曼谷 黎明寺。戒
堂，入口门楼，东侧景色

红色塔-大普陀；黄色塔-弥勒普陀）。此外，寺内各建筑周围还配有大量极其精美的神话形象雕塑（图4-401~4-407）。

其他曼谷寺庙

除直接隶属于王宫的玉佛寺外，在曼谷，还有许多属这一时期的重要寺庙：

位于湄南河西岸的黎明寺（旭日寺、郑王庙）是这座城市里仅有的以塔庙为中心的寺院。寺院至少在17世纪大城王朝时就已存在，但目前人们看到的极具特色的塔群系建于19世纪初拉玛二世时期（图4-408~4-421）。

本页：
图4-418曼谷 黎明寺。角
塔，近景

右页：
（上）图4-419曼谷 黎明
寺。角塔，细部

（下）图4-420曼谷 黎明
寺。轴线小塔，陶饰细部

（上两幅）图4-421曼谷 黎明寺。廊道佛像（高1.5米，拉玛二世时期）

（下）图4-422曼谷 波寺（卧佛寺、涅槃寺）。俯视图（Kittisak Nualvilai据航拍照片制作）

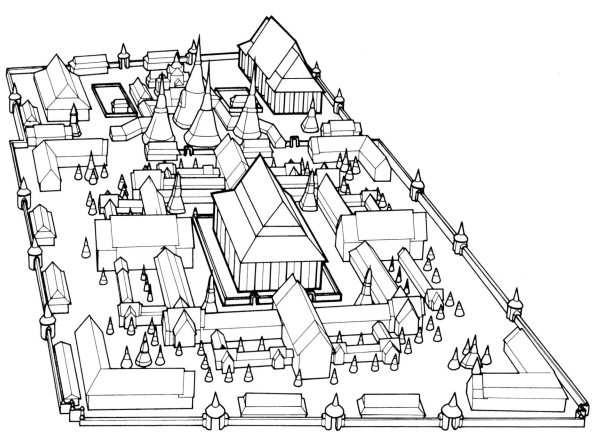

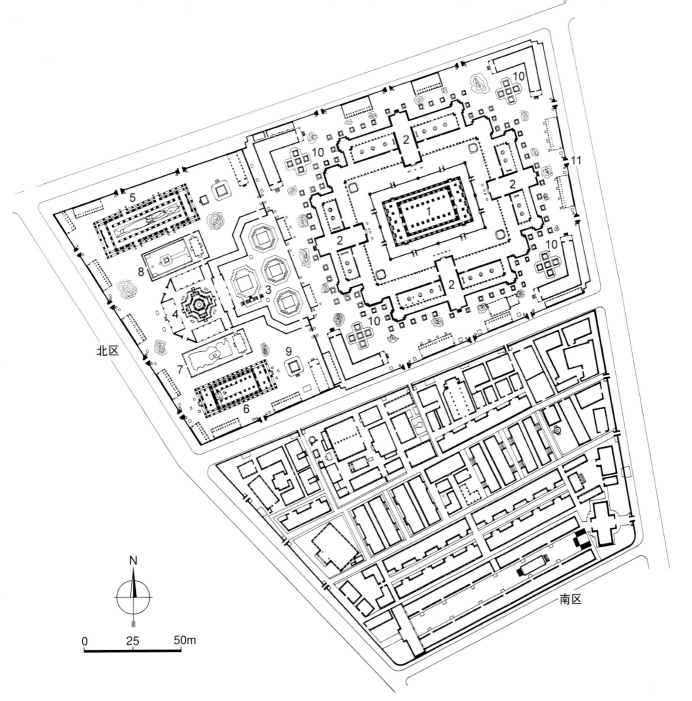

北区

N

0 25 50m

南区

（上）图4-423曼谷 波寺。地段总平面（Craig
orman绘）；北区（Buddhawat）：1、中央祠
庙（诵戒堂）；2、佛堂及安置坐佛的回廊；
3、王室祠塔（共四座，位于围地内）；4、藏
经阁；5、卧佛堂；6、宣道厅；7、鳄鱼池；
8、岩石园；9、钟亭；10、五塔祠；11、主入
口；南区（Sanghawat）安置寺院主持及僧侣
的居所，学校及图书馆等

（下）图4-424曼谷 波寺。中央院落，外景（自
东北方向望去的景色，左侧为东佛堂，中间是
东侧北辅院角楼及其后的中央祠庙，右侧为中
央院楼东北角楼）

（上）图4-425曼谷 波寺。中央院
落，辅院角楼（辅院位于大院各□
外侧，每边辅院又被各面佛堂分□
两个小院），外侧及周围小塔景观

（下）图4-426曼谷 波寺。中央院
落，周边佛堂门廊（对外一侧）

（上）图4-427曼谷 波寺。
中央院落，主祠庙（诵戒
堂），东北侧景色

（下）图4-428曼谷 波寺。中
央院落，角塔及回廊

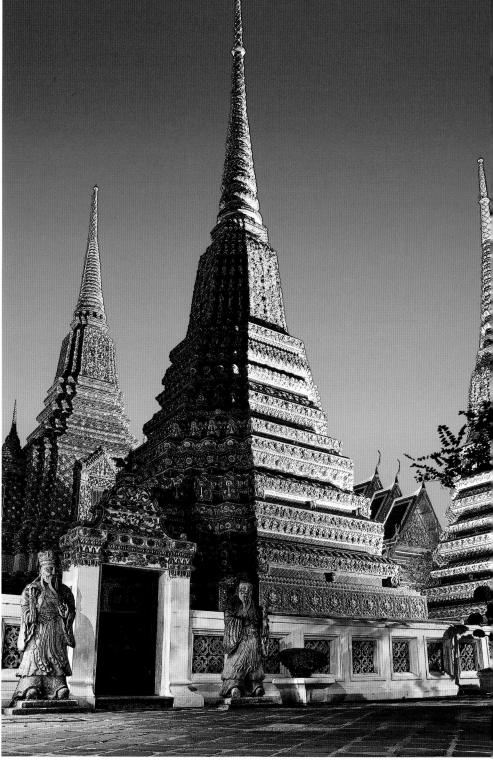

本页：

（左）图4-429曼谷 波寺。西区，西南侧俯视景色（前景为藏经阁及其院落，后面是四座王室祠塔的尖顶，再后是中央大院的西佛堂及中央祠庙）

（右）图4-430曼谷 波寺。西区，王室祠塔（东侧景色，前景为祠塔围地中轴线南侧大门，中间及左侧两塔位于寺院东西主轴线上，右侧为东列北塔）

右页：

图4-431曼谷 波寺。西区，王室祠塔，东列中塔近景

位于大王宫南面的波寺，亦称卧佛寺、涅槃寺，占地8公顷，位居泰国最高等级的六座王寺之首。最早的寺庙属拉玛一世时期，建造在一座早期寺庙的基址上，至拉玛三世期间进行了大规模的扩建和更新。大量佛像中包括长达46米、高15米的卧佛。该寺也是泰国最早的公共教育中心。组群内大小和风格各异的建筑中，包括一个中央祠庙（诵戒堂，bot），为四

位国王建的4座大塔庙，2座钟楼，91座小祠塔（舍利塔，存放王室成员、重要僧侣及信徒的遗骨），以及佛堂、亭阁等（图4-422~4-437）。

建于1795年的浮屠沙旺庙原是次王的私人祠庙，1874年起成为国家博物馆的组成部分（图4-438~4-441）。其内坐佛（Phra Buddha Sihing image）属1世纪，为泰国最受尊崇的佛像之一（图4-442），室

本页：

图4-432曼谷 波寺。西区，王室祠塔，西塔近景

右页：

（上）图4-433曼谷 波寺。西区，藏经阁，西南侧景色（前景为小院西南入口，背景处可看到几座王室祠塔的尖顶）

（下）图4-434曼谷 波寺。中央院落，主祠庙，内景

内尚有曼谷最古老的壁画（窗间墙壁画表现佛陀本生故事，图4-443~4-445）。另一座主要王室佛寺——善见寺（苏泰寺），建于1807年拉玛一世时期，但直到1847~1848年拉玛三世时期才完成。这是曼谷最高的寺院，其内佛像来自素可泰，围绕佛堂在下部台地上布置了象征佛陀的28座中国式佛塔，成为这个组群的独具特色（图4-446~4-454）。

本页及左页：

（左上）图4-435曼谷 波寺。中央院落，回廊，坐佛铜像（共394尊，年代可上溯到拉玛一世时期）

（左下）4-436曼谷 波寺。卧佛堂，佛像全景

（中及右）图4-437曼谷 波寺。卧佛堂，佛像近景

本页：
（上）图4-438曼谷 浮屠汇
旺庙（1795年，1874年起为
国家博物馆）。现状，东北
侧景色

（下）图4-439曼谷 浮屠汇
旺庙。东立面，全景

右页：
（上）图4-440曼谷 浮屠汇
旺庙。东立面，山墙近景

（下）图4-441曼谷 浮屠汇
旺庙。内景

本页及右页：

（左）图4-442曼谷 浮屠沙旺庙。坐佛像（15世纪）

（右）图4-443曼谷 浮屠沙旺庙。壁画（窗间墙壁画表现佛陀本生故事，上部条带为成排尊崇佛像的天神，后墙描绘战争场景）

距波寺和大王宫不远的拉查宝琵寺（拉查波比托特寺）建于拉玛五世时期（1869年完成）。组群采用统一的设计，以圆形院落将围绕中央金色大塔的一座诵戒堂和三座佛堂联系起来。中央斯里兰卡风格的祠塔高43米，内藏佛骨，外覆橙色瓦片，顶上立一金球。祠庙内部采用了意大利风格的金色装饰，门高3米，镶嵌精美。王室墓地位于组群西侧（图4-455~

4-460）。同样属拉玛五世时期建于1899年的云□寺，是这位国王死后的埋葬处，也是最后一座重要□王室寺庙。正殿的寺柱、石栏、石狮、石壁及地面□材料都是由意大利进口的大理石制作，寺名即由此□来（图4-461~4-467）。

作为市内最高点景观的金山寺，位于高80米的人□造山上。其历史可上溯到大城时期，山下寺院于拉□

一世时期部分更新。拉玛三世时期建造的大塔因地基松软在施工过程中倒塌，至拉玛四世时工程再度启动，只是规模大大减缩。该塔于拉玛五世统治初期完成，周围加固的混凝土墙已属20世纪40年代（图4-468~4-474）。

和玉佛寺、卧佛寺并列为泰国三大国宝级佛寺的曼谷金佛寺，因室内供奉世界最大的纯金佛像而闻名

（像高3.91米，重5.5吨，图4-475），只是佛堂已属近代（1955年建造）。

佛统大塔

佛统大塔（金塔）位于曼谷以西58公里的佛统（现为佛统府首府）。位于市中心的这座大塔已成为佛统府的象征（图4-476~4-486）。最初

窣堵坡名Phra Pathom Chedi，意为"大塔"（古高棉语）或"王塔"（北部泰语）。现名（Phra Pathommachedi）为曼谷王朝国王蒙固（即拉玛四世，1804~1868年，1851~1868年在位）所起，意为"第一圣塔"。

有关大塔的始建情况尚不清楚。其中最著名的

本页：

图4-444曼谷 浮屠沙旺庙。壁画细部（绘于拉玛一世时期，表佛陀父母婚礼场景，大量采用锯齿线条分割画面空间）

右页：

图4-445曼谷 浮屠沙旺庙。壁画细部（自忉利天返回人间的佛陀，脚踩那迦和宝石制作的天梯）

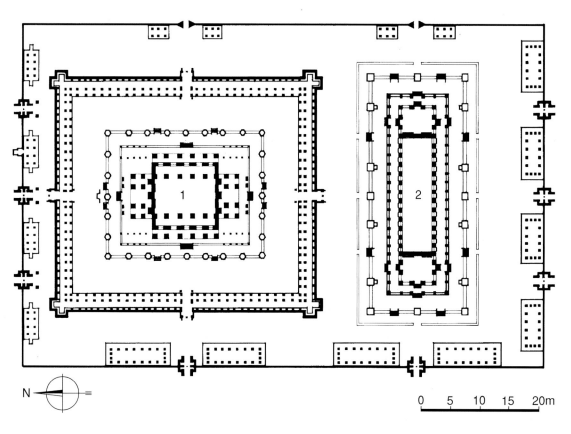

本页：

（上）图4-446曼谷 善见
寺（苏泰寺，建于1807年
1847~1848年完成）。平面
（Travis Gray绘制）：1、主
祠（经堂）；2、戒堂

（下）图4-447曼谷 善见
寺。俯视图（Kittisak N
alvilai据航拍照片制作
围绕主祠在下部台地上
置了象征佛陀的28座中国
式佛塔）

右页：

（上）图4-448曼谷 善见
寺。西南侧景色（左为主
祠，右前景为戒堂）

（下）图4-449曼谷 善见
寺。中央围院，廊道及入
口景色

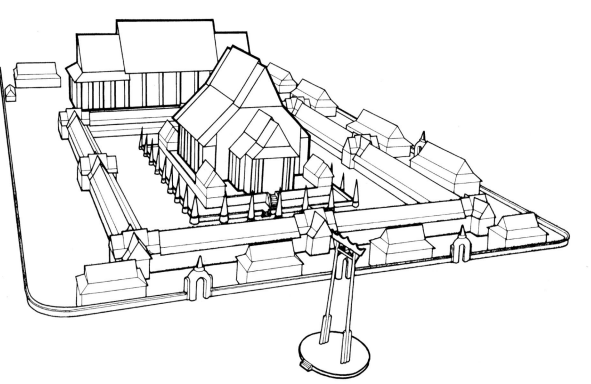

一个传闻称，870年，叻丕府国王拍耶功的星相家预言，如果他的第一个孩子是男孩，则成年后必将弑父。因此当儿子诞生后，国王即下令杀死他。但王后不忍，遂秘密将新生儿转交给住在森林中的一位老妇抚养。以后起名拍耶攀的这位王子又被相邻的北碧府国王收养。多少年后，孩子的生父、叻丕府国王拍耶功因未能偿还北碧府国王的债务导致两国兵戎相见。而率军征讨叻丕府的正是拍耶功的儿子拍耶攀。此时强壮有力又不明自己身世的拍耶攀果然如预言在战争中杀死了自己的父亲并占领了城市（有关此事的另一

本页及左页：

（左上）图4-450曼谷 善见寺。主祠，西北侧景观

（中）图4-451曼谷 善见寺。围绕主祠的中国式佛塔，近景

（左下）图4-452曼谷 善见寺。入口门楼，山面细部

（右下）图4-453曼谷 善见寺。内景

（右上）图4-454曼谷 善见寺。主祠，门饰细部

个说法是，拍耶功征服了周围包括北碧府在内的地区并要求他们称臣纳贡，拍耶攀继养父为王后不愿纳贡，拍耶功遂起兵征讨，与拍耶攀骑象决斗时被杀）。按传统，他应迎娶对方的王后为妾，此时王后——他的生母——才告诉他真相，拍耶攀一怒之下杀死了养育他但没有告他真正身世的老妇。在她死

本页：
（上）图4-455曼谷 拉查宝琵寺（拉查波比托特寺，1869年完成）。佛堂及圆形回廊，外景

（下）图4-456曼谷 拉查宝琵寺。佛堂及中央祠塔，近景（前景为佛堂入口边侧的小堂）

右页：
（上）图4-457曼谷 拉查宝琵寺。自回廊外望中央祠塔（两侧为佛堂）

（下）图4-458曼谷 拉查宝琵寺。中央祠塔，近景

后，拍耶攀认识到自己的罪孽，遂下决心建造一座"鸽子能飞到"的、世上最高的塔以赎罪，该塔即今佛统大塔。

1831年拉玛三世统治时期，其同父异母的弟弟、当时还是一名僧侣的蒙固发现了大塔的残墟并多次进行考察。他吁请国王批准予以修复，但后者婉拒了这一请求，认为没有必要修复一个已被弃置的窣堵坡。

待蒙固自己登位（称拉玛四世）后，他便着手按斯里兰卡风格在老塔上重建新塔及寺庙（内含四个祭拜堂），同时在附近建了宫殿。新塔始建于1853年，施工历时17年，于1870年拉玛五世时期竣工。

原有佛塔的倒钟式覆钵与阿育王时期印度桑吉大塔的风格类似，因而有可能是6世纪（公元539年）仿桑吉大塔建造。最初的塔仅高39米[9]，到1853年，几

（左页及本页左上）图4-459曼谷 拉查宝琵寺。佛堂，入口近景

（本页右上）图4-460曼谷 拉查宝琵寺。佛堂，窗饰细部（位于窗上，象征须弥山）

（本页下）图4-461曼谷 云石寺（1899年）。立面（Karl Siegfried Döhring Rutherford绘制，1914年）

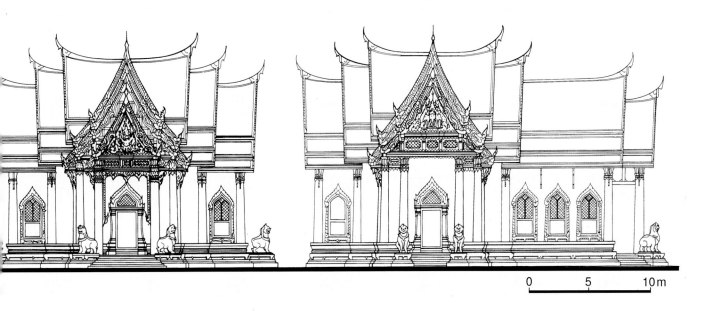

0 5 10m

乎倾塌。拉玛四世重新修建的新塔亦部分毁于暴雨袭击，后经拉玛五世扩建，拉玛六世时期作为皇家寺庙进行重修后，才形成现在的样式。目前这座大塔，由三个不同时期兴建的佛塔组成，一个套着一个，为佛塔建筑史上仅见的类型。

塔基方形，基底边长233.50米。其上是两层巨大的圆形平台（第一层平台上，有两个"塔中之塔"的模型，可看到大塔两次兴建的经过）。平台上有四座背对着大塔的佛殿。佛殿之间，布置24座环绕大塔的钟亭。覆钟形的塔体由平台上的环形廊道围绕，覆钵底部直径57米，塔总高约130米（其中螺旋状塔尖部分高40米），为世界最高佛塔[10]。

整座窣堵坡以中国进口的金褐色琉璃瓦覆面。从远处望去，大塔犹如一座倒置的巨钟，金光闪闪，蔚为壮观。塔内有一尊金佛和一尊卧佛，藏有珍贵的佛骨和佛祖的舍利子。另外，拉玛六世的骨

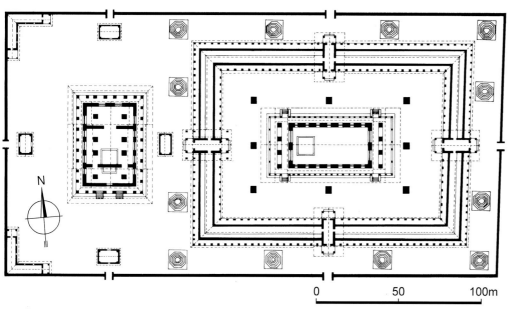

本页及右页：

（左上）图4-465曼谷 云石寺。内院，回廊转角处屋顶近景

（中）图4-466曼谷 云石寺。内院，回廊内景及佛像

（右）图4-467曼谷 云石寺。门饰细部

（左下）图4-468曼谷 金山寺。寺院平面（Craig Forman绘制）

（本页上）图4-469曼谷
金山寺。大塔，俯视夜景

（本页下及右页上）图
4-470曼谷 金山寺。大
塔，现状

（右页下）图4-471曼谷
金山寺。寺院，西侧俯
视全景

对页：

（上）图4-472曼谷 金山寺。主
殿，西北侧景观

（下）图4-473曼谷 金山寺。主
殿大院，向西望去的景色（远
景为山上的大塔）

本页：

图4-474曼谷 金山寺。内景

灰也埋藏在塔中。

二、佛堂及诵戒堂

作为泰国寺庙的重要组成部分，山面朝前的佛堂
（vihan）是安置主要佛像并供信徒聚会礼拜的处所
（图4-487）。诵戒堂（bot、bote、ubosot，来自巴利
语uposathagara）则指专供僧侣举行布萨仪式、不向
一般信徒开放的殿堂。其建筑形制类似佛堂，但尺度
不同，同时还有界石（Bai Sema，图4-488）作为专门

的标记。界石一般均立在圣区四角及各边中央，下方
为仪式期间埋在地里的石球（Luk nimit，图4-489，
除边界的这八个外，还有一个埋在圣区中央或佛像
下）。界石多为石雕或以灰泥塑造，造型如菩提树
叶，可单立，也可成对乃至三个一组。在泰国，已发
现的最早界石位于东北的伊森地区，属6~9世纪。

[素可泰时期]

在素可泰，13世纪下半叶的殿堂大都采用梁柱结
构；但周围支柱并不像后期那样立在砖砌基台上，而

本页：
图4-475曼谷 金佛寺。金
佛像

右页：
图4-476佛统 大塔（金
塔，1853~1870年）。平面
及立面（Simon Tucker绘）

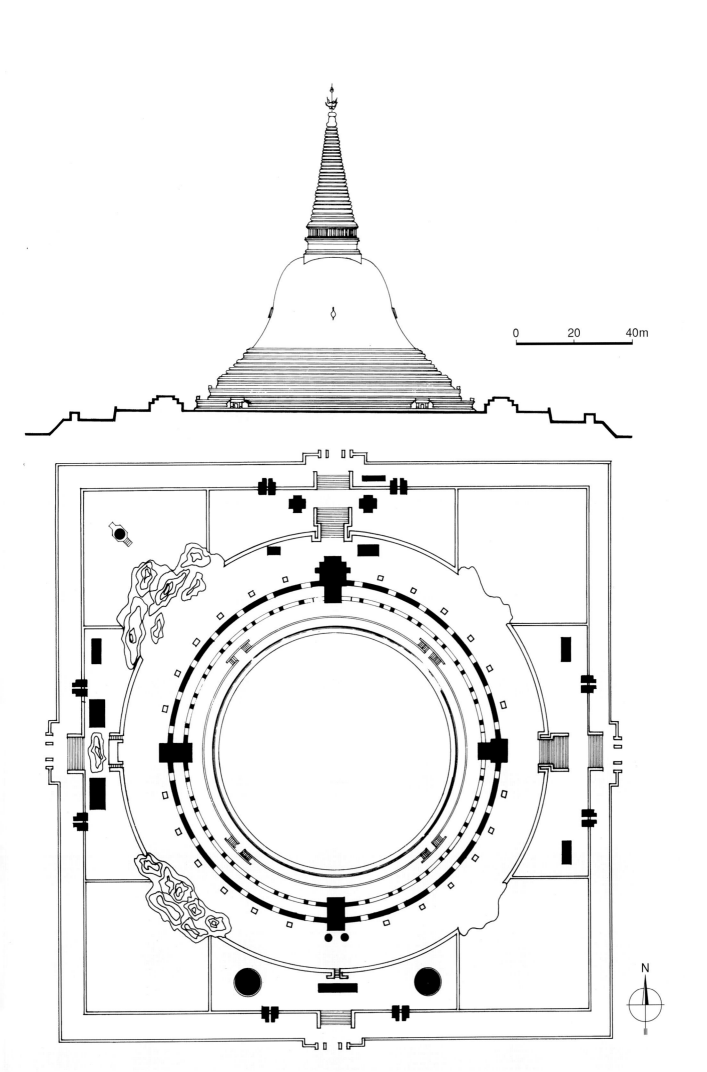

0   20   40m

是围绕着它设置。显然基台系后加，原构估计是上▢棕叶屋顶的干栏式建筑。至兰甘亨大帝（1279~129▢年在位）时期可能受锡兰影响，佛堂改为在地面建道▢（如锡兰佛牙台上的寺庙那样，于基台上立石柱，▢承木构屋顶）。这些早期佛堂平面大都为矩形，室内▢空间由列柱分为中堂及边廊（中堂较窄，现存遗迹，▢如沙攀欣寺，仅留粗壮的红土岩柱,图4-490~4-492）▢

（左上）图4-477佛统▢大塔。原塔复制模型

（下）图4-478佛统 大▢塔。西侧远景

（右上）图4-479佛统▢大塔。北侧远景

设有门廊、柱廊和门厅（至14世纪后期西侧始设门厅）。佛堂西边亦如锡兰做法，布置柱厅，如素可泰玛哈泰寺（图4-493~4-496）、锡兰康提的兰卡提叻格寺（图4-497、4-498）。

14世纪中叶始出现的诵戒堂到该世纪后期开始于东西两侧布置门厅，平面也更趋复杂，增加了折角。只是尺度比佛堂小，位置也不显要。

（左上）图4-480佛统 大塔。西侧全景

（右上）图4-481佛统 大塔。北侧全景

（下）图4-482佛统 大塔。圆形围廊及外围钟亭

页:

（左上）图4-483佛统 大
塔。基部近景及回廊通道

（右上及下）图4-484佛统
大塔。塔身近景

页：

（上）图4-485佛统 大塔。覆
钵近景

（下）图4-486佛统 大塔。内
部佛像

本页及右页：

（左上）图4-487泰国 佛堂。木模型（18世纪，现存宋卡Wat Matchimawat Museum）

（左下一组）图4-488泰国 界石

（右两幅）图4-489泰国 石球

（中上）图4-490素可泰 沙攀欣寺。遗址现状

本页及左页：

（左）图4-494素可泰 西楚寺。东侧现状

（中）图4-495素可泰 西楚寺。佛堂近景

（右）图4-496素可泰 西楚寺。佛像

　　值得注意的是，从这时期佛堂和诵戒堂柱子的高差（中间两排比边上各排要高）可知，屋顶采用了两层跌落的形式，这种形式显然是效法吴哥古典时期的建筑（如女王宫的门厅，素可泰曾长期在吴哥王国的统治下）。由于增加了门廊或门厅，这类厅堂的长度有所增加（可达宽度的两倍），如素可泰马哈塔寺的

（上）图4-497康提 兰卡提
叻格寺。东南侧，外景

（下）图4-498康提 兰卡提
叻格寺。西侧，现状

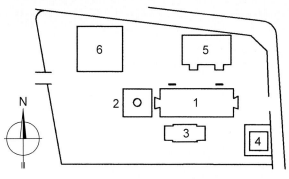

诵戒堂（见图4-137）。至中后期，早先的红土岩柱为高挑的砖柱取代，截面亦从圆形、方形，逐渐变为折角方形。佛堂西面以佛塔代替门厅并形成定规。

[兰纳时期]
位于东西主轴线上朝东的佛堂是这时期寺庙里

（上）图4-499清迈 宕迪
年。总平面：1、经堂；2、
门塔；3、戒堂；4、藏经
阁；5、大厅；6、寮房

（下）图4-500清迈 宕迪
年。西北侧现状

（上）图4-501清迈 宕迪寺经堂，东南侧景观

（右下）图4-502清迈 宕寺。祠塔，外景

（左下）图4-503清迈 宕寺。藏经阁，现状

最主要的建筑，其后（西侧）布置塔庙或佛塔，尺度较小的诵戒堂一般位于南侧，其他附属建筑布置在周围，并无定制[如清迈老城中心的宕迪寺（图4-499~4-503），大塔寺边上的盼道寺（为一优美的木构寺庙，内置金佛像，图4-504、4-505）]。这时期的佛堂及诵戒堂皆为木构，仅后部封闭，其他面敞开。如南邦普拉塔寺（图4-506~4-515），其佛堂（藏圣殿）属16世纪早期，可能是泰国最古老的木构建筑。这样的传统一直延续到后期，如南邦的泵萨努寺（图4-516、4-517）。该寺建于1886年，系由富足

（上）图4-504清迈 盼道
。现状

（右下）图4-505清迈 盼道
。金佛像

（左下）图4-506南邦 普拉
寺。总平面（Rochelle
se绘制），图中：1、东
；2、佛堂；3、祠塔；
经堂（藏圣殿）

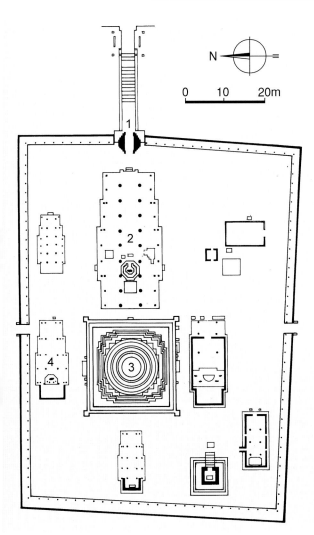

0   2   4m

的缅甸移民投资（19世纪末到20世纪初，南邦是泰[]
北部柚木采伐业的中心，有许多从事这一行业的缅[
移民）。建筑混合了兰纳和缅甸风格，特别是由柚[
建造、采用缅甸风格、平面十字形的佛堂，相当引[
注目。不过，类似建筑中，很多都经后世修复，以[
凝土柱取代了木柱，木瓦亦换成陶瓦。室内木构架[
般都暴露在外并加以装饰。

　　由于墙体较低，造型丰富装饰华美的屋顶在构[
上往往起到极为重要的作用（如帕尧西功空寺的[
堂，图4-518）。在仅有门廊时，屋顶首先沿脊线[

本页：
（上）图4-507南邦 普拉塔寺。经堂（藏圣殿，16世纪早期），
立面（Marc Woodbury绘制）

（下）图4-508南邦 普拉塔寺。西南侧，俯视景色

右页：
（上）图4-509南邦 普拉塔寺。东南侧外景（自右至左：围墙[
门、堂、祠塔）

（下）图4-510南邦 普拉塔寺。佛堂及祠塔，东北侧景观

对页：

（左上）图4-511南邦 普拉塔
寺。经堂，东南侧现状（可能
是泰国尚存最早的木构建筑）

（右上）图4-512南邦 普拉塔
寺。祠塔，基部近景（朝拜的
巡回通道由华盖柱界定，塔基
部分外覆起保护和装饰作用的
薄铜板）

（左下）图4-513南邦 普拉塔
寺。山墙板细部（木雕涂金，表
现头戴王冠的小乘佛教天神，
周围是象征生命力的枝叶）

（右下）图4-514南邦 普拉塔
寺。佛堂，立面装饰细部

本页：

图4-515南邦 普拉塔寺。内景
（佛像造于1563年，其外塔式
结构称ku，砖砌外施抹灰并
涂金）

本页及左页：

（左上）图4-516南邦 泵萨努寺
（1886年）。佛堂，外景（木
构，十字形平面）

（中）图4-517南邦 泵萨努寺。
祠塔，现状

（右上）图4-518帕尧 西功空
寺。经堂，山墙细部（木雕施
金，表现作为祠庙护卫神的卡
拉）

（右下）图4-519泰国 寺庙山墙
及屋檐构造图

（左下）图4-520帕尧 拉差克廖
寺。山墙细部（博风板末端饰
头部昂起的那迦造型）

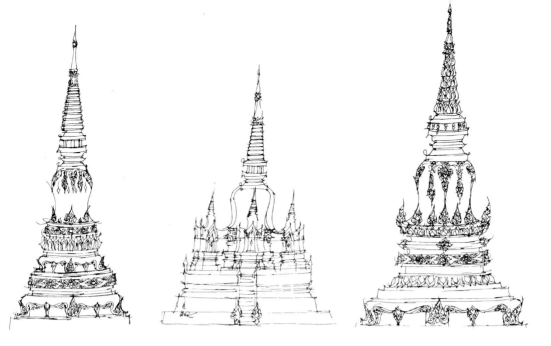

本页：

（上）图4-525泰国 大城风格的三种佛塔类型（取自BEEK S V, TETTONI L I. The Arts of Thailand，2000年）

（下）图4-526大城 蒙空博披寺。约1900年景色（摄于佛堂重建前）

（中）图4-527大城 蒙空博披寺。佛堂（原构18世纪，1956年重建），现状

右页：
图4-528大城 蒙空博披寺。佛堂，入口近景

向形成高低错落的两层，在另加前廊时，则形成三层（见图4-213）；之后每层屋顶在两侧再次跌落一或两阶（越到下层坡度越缓，即令檐口更向外挑）。山墙面和博风板为重点装饰部位，后者往往饰那迦造型，至末端头部昂起（称Hang Hong，图4-519、4-520）；后期博风板上缘往往带有一排凸出的叶齿状装饰（Bai Raka），可能是象征那迦的背鳍或金翅鸟的羽毛。屋脊端头类似鸟嘴的曲线装饰（称Cho Fah）一般认为是象征大鹏金翅鸟。沿南北墙排列

本页：

（上）图4-529大城 蒙空博披寺。佛堂，修复后佛像

（下）图4-530大城 那普拉梅鲁寺（1503年）。诵戒堂，西南侧外景（为大城后期寺庙建筑的重要实例）

右页：

图4-531大城 那普拉梅鲁寺。东南侧景观

的挑檐托（Kan Tuay）则是一块起斜撑作用的精美
木雕。

位于泰国北方楠镇的扑明寺是个颇有创意的建
筑。其十字形戒堂建于1596年，19世纪下半叶进行了
修复。大堂正面及背面入口前均设短廊，波浪式栏墙
上饰那迦形象，使建筑好似压在两条巨蛇背上，造
型独特。建筑室内装修华丽，壁画亦保存完好（图
4-521~4-524）。

[大城时期]

这时期佛塔多布置在佛堂西面（主要有三种形式，如图4-525所示）。在一些大型寺庙中，巨大的佛塔和角塔、围廊等附属建筑组成中心对称的院落，和佛堂一起构成东西轴线。这样的总图布局显然类似层层渐进的吴哥建筑群，有别于在主要建筑周围随意布置附属建筑的小乘佛教寺庙。

在个体建筑方面，由于厅堂墙体增高，殿身正立面高度超过面宽，加上陡峭的坡顶，整体比例显得更为高挑；柱子及墙体均有明显收分，基座和屋顶也开始具有弧形的廊线。东侧主要入口或位于立面中间，如大城的蒙空博披寺（图4-526~4-529），或位于中央龛室两侧，如位于同一城市的那普拉梅鲁寺（其宇

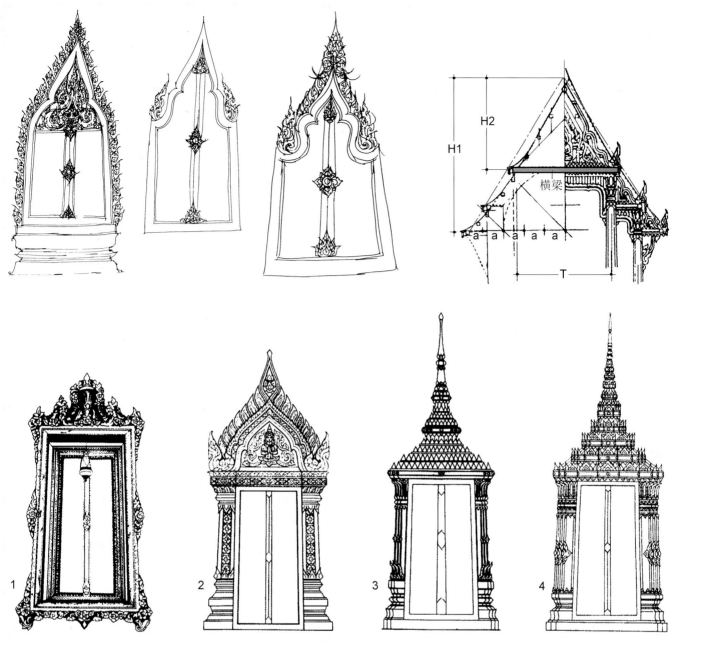

面意义为"面对火葬场的寺庙",建于1503年大城王国国王拉玛铁菩提二世期间,图4-530~4-535)。前廊屋顶往往和主体结构的屋顶分开,山墙前通过水平披檐明确勾勒出三角形山面;山面和柱头一起,成为立面的装饰重点。大城大佛寺开始使用琉璃瓦,到曼谷时期,这种新型材料很快得到推广。

[曼谷时期]

这时期最重要的变化是,诵戒堂取代兰纳时期的佛堂和大城时期的塔庙成为寺庙回廊中最主要的建筑(以塔庙为中心的仅有黎明寺一个例外)。立面沿袭前期形制,装饰主要集中在窗框部位(图4-536、4-537)。建筑总体比例更为高耸、轻快(图4-538)。特别是屋顶,不仅更为高耸,且通过层层跌落的宽大披檐形成歇山顶,覆盖前廊部分(如曼谷

玉佛寺主殿,见图4-345)。屋顶全面采用琉璃瓦并赋予不同色彩以不同的内涵。由于自大城中叶开始,王室祠庙及佛堂多采用希腊十字平面,交叉处顶上始立作为装饰的各式尖塔(yod prasat)。室内屋架亦不再裸露,而是设置带装饰的天棚(多为红色底面,上饰金色图案及花纹)。

左页:

图4-535大城 那普拉梅鲁寺。佛像细部

本页:

(左上)图4-536泰国 各种窗饰风格(取自BEEK S V, TETTONI L I. The Arts of Thailand, 2000年)

(下)图4-537曼谷时期 窗框式样(图中:1、中国式;2、泰国传统样式;3、蒙固式;4、尖塔式)

(右上)图4-538曼谷寺庙屋顶比例(屋顶坡度更为陡峭)

一、文化背景及遗存现状

宫殿与寺庙相结合并以此体现神权与王权的统一是佛教国家王宫建筑的一个重要特色。在泰国，王权神授的观念具有悠久的历史，历代国王都在王宫中修建专供国王及王室成员礼佛的王寺并形成传统，这些王家寺庙往往在宫中占有重要的地位。如素可泰王朝的马哈塔寺、阿育陀耶王朝的喜善佩寺、曼谷吞武里王朝的黎明寺及曼谷王朝大王宫内的玉佛寺。后者位于大王宫东北角，1782年与宫殿统一规划建造，是这方面最典型的代表作。

在泰国，直到大城王朝早期宫廷一直尊奉婆罗门教，国王被认为是毗湿奴的化身；以后佛教流行时（佛教徒占全国总人口的95%），又有"万佛之国"之称。宫殿建筑也因此深受寺庙影响，许多形式都是来自宗教建筑。

1782年创建的曼谷王朝开始向西方文化敞开了大门。王朝第五代君主拉玛五世（名朱拉隆功，中

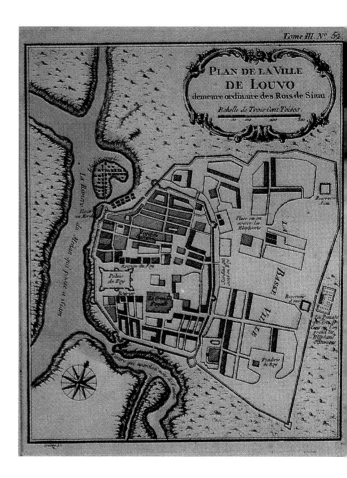

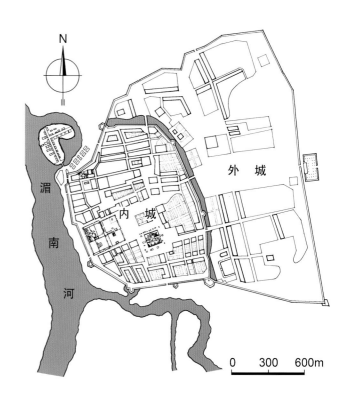

11

老运河（现湄南河） 10

城墙

8

5

3

2

6

4

9

7

1

12

15

13

14

N

0 250 500m

文名郑隆，后世尊称朱拉隆功大帝，1853~1910年，
1868~1910年在位）更被认为是泰国历史上最伟大和
最有权势的国王、现代泰国的缔造者（其时泰国的正
式国号是暹罗，在本书中统一称泰国）。在位期间，
他发动了一场近代化的改革运动，其影响在同时期的
亚太地区仅次于日本的明治维新（图4-539），并在
英法两国殖民者的窥伺下，艰难地维护了国家的独
立，使泰国成为同时代东南亚唯一不曾沦为殖民地的
主权国家。

拉玛五世说过："希望有一天我的王朝里每一个
人都成为自由人……从元首到平民的子弟，都应该受
到平等的教育"。从他开始，曼谷王朝的国王大多有
在西方留学的经历。因而，除了随中国商人及移民而

左页：

（左）图4-539拉玛五世及其随从在欧洲

（右两幅）图4-540华富里 古城。17世纪总平面（上为1687年法国
工程师绘制的图版，下为Travis Gray据此绘制的平面图，王宫位
于内城靠近河道处）

本页：

图4-541大城 古城。总平面（Tim Beattie据泰国考古勘察局1956年
平面绘制），图中：1、普泰萨旺寺（所在地可能即最早居民点位
置）；2、喜善佩寺；3、老王宫；4、拉姆寺；5、拉差布拉那寺；
6、马哈塔寺；7、猜瓦他那拉姆寺；8、前宫；9、后宫；10、那
普拉梅鲁寺；11、金山寺；12、荷兰区；13、英国区；14、日本
区；15、葡萄牙区

来的中国建筑的技术及风格的影响外，西方建筑的功能组织及形式对泰国宫殿建筑都有一定的影响（如曼谷大王宫主殿——却克里殿）。

早期素可泰王朝的宫殿皆为木构，因年代久远大都未能留存下来。大城王国（阿育陀耶）时期的宫殿则大部毁于16世纪与缅甸东吁王朝的几场战争。因

而，今日人们所见金碧辉煌的泰国宫殿基本上属曼谷王朝时期新建或重修。得到较好修复并具有代表性的作品包括曼谷大王宫、兜率宫殿建筑群、大城附近的邦巴茵夏宫等。

二、规划布局及空间处理

[规划选址及建筑平面]

泰国各时期都城多选在河流边上，王宫大多位于城内靠近河流一侧，并不是城市的绝对中心。这时期最具代表性的城市即华富里和大城。华富里不规则的城市由水体和城墙划分为东西两部分，形成内城和外城，王宫位于内城西侧靠近河岸处（图4-540）。大城城市主体位于一个四面环水的岛状地带上（在14世纪中叶城市迁到岛区前，早期居民点位于河的南岸，包括普泰萨旺寺在内的两座早期寺庙均建在那里，见图4-287），王宫则偏于城北（图4-541~4-546）。两座城市的宫殿均靠近湄南河，曼谷大王宫与大城邦茵夏宫位于湄南河东侧并以此形成护城河。只有建造

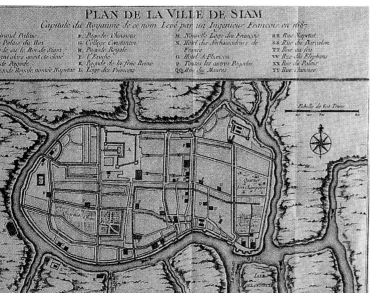

年代相对较晚、地位亦不如大王宫的曼谷兜率宫建筑群离主要河流较远。

个体建筑平面多为矩形，如大王宫内的睹史多亭（拉玛三世时期增添围墙）、迦蓝耶殿（拉玛五世时期）和月亭（拉玛二世时期），玉佛寺的主殿和王室

法藏殿（两者皆为拉玛一世时期）。其次为十字形，如大王宫的兜率殿（1784年拉玛一世时期，5年后因遭雷击毁坏重建）、玉佛寺的尖顶佛殿（拉玛三世时期重建）和王室宗庙（拉玛四世时期）。其他较为复杂的平面除大王宫摩天组群（1784年拉玛一世时期）

左页：

（上）图4-542大城 古城。总平面（17世纪图版）

（下）图4-543大城 古城。鸟瞰图（图版作者Johannes Vingboons，约1665年）

本页：

（上）图4-544大城 古城。俯视全景（图版作者Johannes Vingboons，约1665年）

（下）图4-545大城 古城。17世纪景色（当时欧洲旅行家的印象）

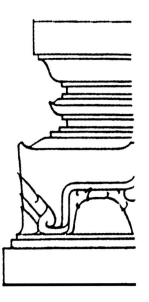

外多为仿欧式的建筑。

[空间类型及处理手法]

宫殿室内空间相对单一：平面十字形的一般在中心安置御座等主要陈设（御座位于基台上，上置华盖）；矩形平面的则将构图重心偏向后墙（和中国传统宫殿不同，在泰国，主入口位于短边山墙下，如玉佛寺主殿、大王宫的摩天组群等，因而山墙成为重点装饰的主要立面）。有的还配置了柱廊，作为自室外

（左上）图4-550泰国 各种植物花苞柱头（取自BEEK S V，TETTONI L I. The Arts of Thailand，2000年）

（左下）图4-551泰国 不同的檐托风格（取自BEEK S V，TETTONI L I. The Arts of Thailand，2000年）

（右）图4-552泰国 塔式尖顶立面及其象征意义（取自谢小英. 神灵的故事：东南亚宗教建筑. 南京：东南大学出版社，2008年）

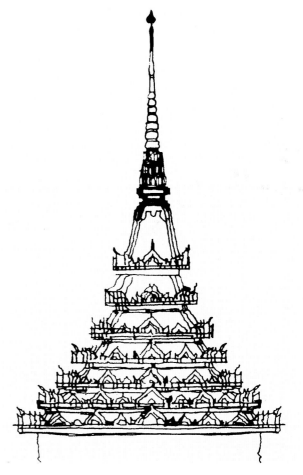

到室内的过渡空间（如玉佛寺主殿）。

主要宫殿建筑围墙上多设三个一组上置尖塔的华丽大门（图4-547）。装饰华丽的亭阁构成王宫庭园中的一道美景。其中最著名的有大王宫中拉玛四世时期建造的阿蓬碧莫亭（见图4-585、4-586）及1876年仿它建造的邦巴茵夏宫中的艾莎万-提巴亚-阿沙娜亭（见图4-591）；大王宫中的月亭（图4-548）则可作为小型亭阁的例证。

三、立面构图及装饰

[结构主体]

基台及柱础大都配有丰富的线脚。阿育陀耶时期主要采用狮子座及莲花座两种基本形式（图4-549）。特别是基台立面上不断重复的成排守护神塑像，给人印象尤为深刻（如玉佛寺主殿、金舍利塔及藏经阁的基台）。

通向基台的台阶栏墙多制作成圆滑的曲线，最复杂且极具特色的一种饰有五头那迦，身覆彩色玻璃镶嵌的鳞片，如玉佛寺藏经阁及王室宗庙。

承重柱由木料制作或以砖砌，截面形式从圆形、方形到由方形演变出来的三车及五车形式，外部以玻璃马赛克镶嵌形成精美的图案，柱础及柱头很多采用莲花造型（图4-550）。由于墙体很厚，门（Pratoo）

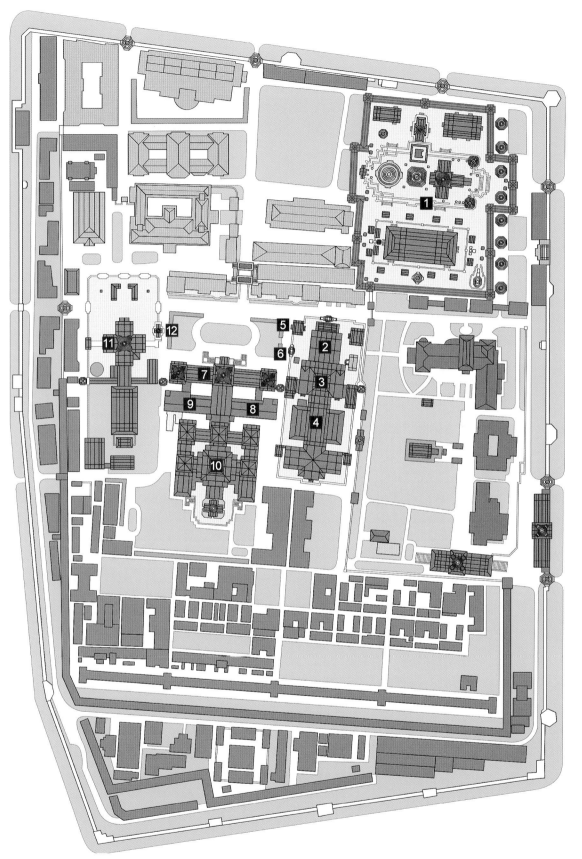

（本页及右页左上）图4-55
曼谷 大王宫（1782~178
年）。总平面图及在城市中的
位置示意，总平面图中：1、
玉佛寺；2、阿玛林·威尼猜
御座殿（因陀罗殿）；3、沏
讪·他信御座厅（护国殿）；
4、差格拉帕德·披曼宫（转
轮王居）；5、杜西达皮罗姆
阁；6、月亭；7、却克里御
座殿；8、蒙·沙探·伯罗玛德
宫；9、索穆提·特瓦拉·乌巴
巴宫；10、伯罗姆·拉差汶
提·玛赫兰宫；11、兜率殿；
12、阿蓬碧莫亭（除袍亭）

（右页右上）图4-554曼谷 大
王宫。总平面分区（据Stern
stein，1982年；制图David
Craig和Marc Woodbury；约
改绘）

（右页下）图4-555曼谷 大王
宫。西北侧，俯视全景图

窗（Naatang）框亦成重点装饰部位。其开口多为梯
形，比例修长。顶部造型类似微缩的山墙或尖塔（见
图4-537）。

挑檐托（khan thual）是泰国建筑中另一种极为

独特的木雕部件（图4-551），从中还可追溯不同时
期风格的演变。在素可泰时期，屋檐由廊道列柱支
撑，无需檐托。至阿育陀耶中期不设列柱后，才开始
采用挑檐托将屋檐重量传递到墙体及壁柱。到阿育陀

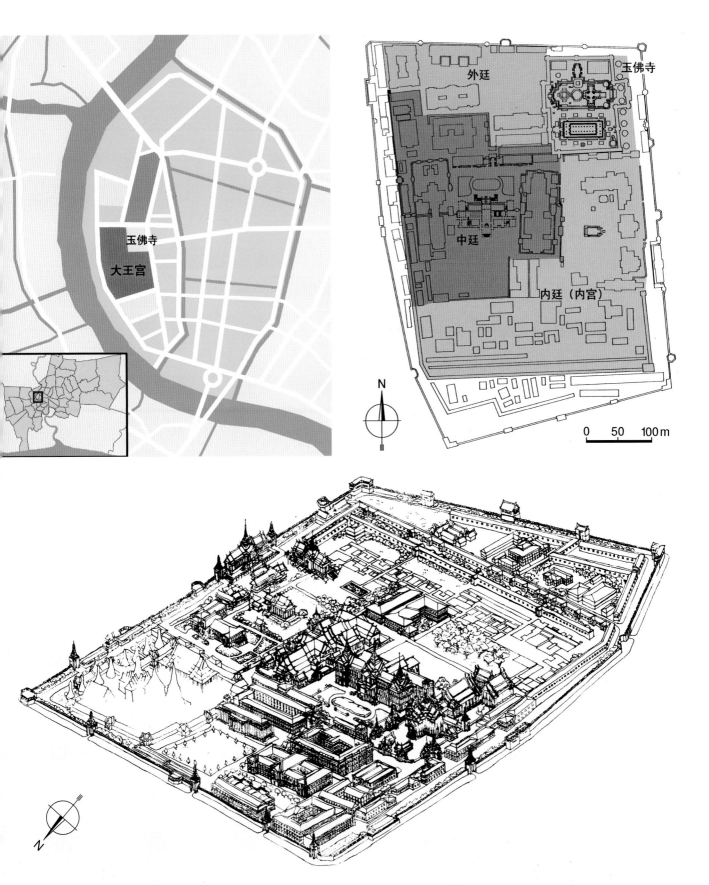

耶晚期，由于宫殿及寺庙尺度较小，屋檐本无需额外支撑，但檐托仍保留下来，从结构部件蜕变为纯装饰元素，变得更为纤细华丽，或镀金，或以玻璃马赛克花边装饰。

[屋顶及尖塔]

屋顶是泰国宫殿建筑样式最多和最华丽的部分。传统宫殿多用重檐木构屋顶，上覆鳞片状陶瓷瓦片，屋顶沿屋脊方向叠置一至三重，侧面重檐三至四道。

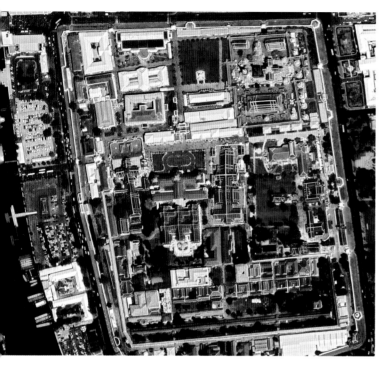

高耸的重檐屋顶不仅满足了遮阳和排除雨水的功能需求，也成为外部构图的主要组成要素和最具视觉冲击力的形象。

宫殿屋顶可按中国建筑的分类法分为悬山和歇山两大类。前者又包括一般悬山（如玉佛寺的王室法藏殿、大王宫的金佛阁和睹史多亭）及十字脊悬山（如大王宫的兜率殿和阿蓬碧莫亭）两类。属歇山类的有玉佛寺的大雄宝殿等。从横剖面形式来看，该类又可分为上下坡度变化较大（由檐口处约45°至屋脊处约60°）、形成明显内凹曲线的和上下坡度变化不大、近似三角形的两种。前者属早期兰那泰风格，后者属年代更为晚后的曼谷王朝时期。

山墙往往是泰国建筑装饰最华丽的部位，其装饰程度与建筑等级密切相关（见图4-519）。一般于金色底面上起各种图案，包括皇家徽章（如玉佛寺王室宗庙、大王宫却克里殿）、神祇形象（如玉佛寺主殿、金刚佛殿；大王宫迦蓝耶殿、兜率殿及阿蓬碧莫亭）及植物花卉（如玉佛寺犍陀罗佛像祠堂）等。在门窗或小塔立面上另有小型山墙，有的山墙底边楣梁下还设木雕悬饰（称Sarai Ruang Pung，因类似蜂巢而得名）。

山墙博风板和某些斜脊部位往往制作成扭曲的

本页:

（上）图4-559曼谷 大王宫。自湄南河一侧望去的夜景

（下）图4-560曼谷 大王宫。王居组群（摩天组群，1700年代后期），西侧全景，自左至右分别为阿玛林·威尼猜御座殿（因陀罗殿）、派讪·他信御座厅（护国殿）和差格拉帕德·披曼宫（转轮王居）

右页:

图4-561曼谷 大王宫。王居组群，西侧近景

那迦形象（称Lamyong），在这里，那迦被视为保护神，其背上有鳍（或理解为金翅鸟的羽毛），两端头部高高抬起。屋脊端头立一形如鸟头的细长装饰[Cho Fa, Sky Tassle, 有人认为是神鹅（Hamsa）的象征，有人认为是表现那迦的头]。重檐屋顶每个均配置整套的这类装饰，镀金或镶玻璃马赛克的复杂造型使立面显得格外华丽。

在泰国，只有最高级的建筑（如王室御座殿）才能在顶上安置尖塔（称yod prasat或prasat，在高棉语和泰语里，prasat可指"城堡、宫殿"，亦可指"神庙塔楼、宫殿尖顶"）。尖塔通常位于屋顶十字形平面的中心，显然是象征位于宇宙中心的众神居所须弥

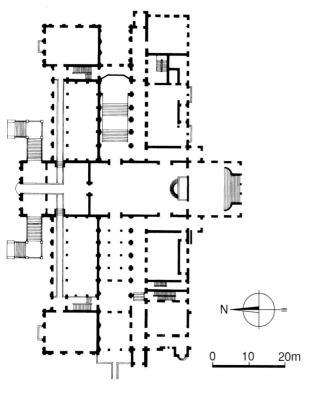

本页及右页：

（左上）图4-562曼谷 大王宫。王居组群，阿玛林·威尼猜御座殿（因陀罗殿），入口近景

（中）图4-563曼谷 大王宫。王居组群，阿玛林·威尼猜御座殿，内景

（右）图4-564曼谷 大王宫。王居组群，阿玛林·威尼猜御座殿，御座近观

（左下）图4-565曼谷 大王宫。却克里组群，却克里御座殿（约1882年），平面（取自AASEN C. Architecture of Siam, 1998年）

左页：

（上）图4-566曼谷 大王宫。却克里组群，却克里御座殿，东北侧地段形势（前景为王居组群的杜西达皮罗姆阁，右侧远景为玛哈组群的兜率殿）

（下）图4-567曼谷 大王宫。却克里组群，却克里御座殿，北立面全景

本页：

图4-568曼谷 大王宫。却克里组群，却克里御座殿，西北侧景色（前景为玛哈组群的阿蓬碧莫亭）

山，并以此昭显就座于下方宝座上国王的神性。

大王宫里的大多数建筑都采用塔式尖顶（泰语
mondop，原指具有方形或十字形平面，上置尖顶
的小型祠堂），其中最高级的由七层组成（称phra
maha prasat，如大王宫的兜率殿和却克里殿，图
4-552），次之的为五层（称prasat，如大王宫的阿逾
碧莫亭）。造型类似但平面圆形的主要用于国王拉玛
四世时期的建筑（如玉佛寺的尖顶佛殿），并以拉玛
四世之名称蒙固式尖顶（Mongkut）。除以上两种外
还有形体更为粗壮的所谓塔庙式尖顶（Prang，如玉

（左上）图4-569曼谷 大王
宫。却克里组群，却克里
御座殿，中央塔楼近景

（下）图4-570曼谷 大王
宫。却克里组群，却克里
御座殿，底层及入口台阶
近景

（右上）图4-571曼谷 大王
宫。却克里组群，却克里
御座殿，山面近景（图案
为却克里王朝的徽章）

佛寺的王室宗庙）。

在泰国，和中国古代一样，只有王室和宗教建筑才能使用艳丽的色彩，它们在一片素色的木建筑环境中显得格外突出。特别是屋顶，华丽的装饰往往标志着建筑的等级和地位，其中最豪华的多以红、橙、绿、蓝几种颜色的陶瓷瓦搭配使用，配上白色的边界，对比极其鲜明（也有在白边内用单色瓦片的，如阿蓬碧莫亭）。大王宫围墙等处用白色灰泥粉刷，因而有"白禁城"之称。宫殿室内常用红色和金色搭配，倍显富丽堂皇。

四、实例

[曼谷大王宫建筑群]

位于湄南河东岸的曼谷大王宫建于1782年拉玛一世统治期间，1785年竣工。至拉玛二世时宫区已扩大至现规模（图4-553~4-559）。1946年国王拉玛八世在宫中被刺身亡，此后拉玛九世将王室迁往东面新建的迟塔拉达宫。因此现存宫殿只是象征王朝的存在，并不是目前泰国王室的实际所在地。现宫区占地面积21.84公顷，白色宫墙高5米左右，北墙长约410米，

（左）图4-572曼谷 大王宫。却克里组群，却克里御座殿，通向御座厅的前室

（右）图4-573曼谷 大王宫。却克里组群，却克里御座殿，御座厅，内景（御座木制，以金银装饰，上置九重伞盖；华丽的水晶枝形大吊灯为欧洲国王所赠）

（上）图4-574曼谷 大王宫。
却克里组群，却克里御座
殿，觐见厅，内景

（下）图4-575曼谷 大王宫。
却克里组群，却克里御座
殿，书房（对面墙上挂着拉
玛五世全家的画像）

（上）图4-576曼谷 大王宫。

克里组群，伯罗姆·拉差沙

是·玛赫兰宫，内景

（下）图4-577曼谷 大王宫。

马哈组群，东北侧地段全景

中央前景为阿蓬碧莫亭，后

即组群主要建筑兜率殿）

东墙510米，南墙360米，西墙630米，总长约1910米（围墙上面饰有典型的泰国壁画，表现印度史诗《罗摩衍那》的典故。178个场景自寺庙北门开始，沿顺时针方向布满整个围墙）。

据文献记载，宫区最初布局系效法毁于泰缅战争的大城王宫，大致可分为四个部分：即外廷（位于宫

左页：

图4-578曼谷 大王宫。玛哈
组群，阿蓬碧莫亭（除袍
亭）及兜率殿，东北侧景色

本页：

（上）图4-579曼谷 大王
宫。玛哈组群，阿蓬碧莫亭
及兜率殿，东侧外景（左侧
前景为却克里御座殿）

（下）图4-580曼谷 大王
宫。玛哈组群，兜率殿，东
北侧景观

区西北部，为政府各职能部门所在地）；中廷（位于宫区中部，为核心区，包括最重要的兜率组群和摩天组群，是王室居所及举行重要礼仪处）；内廷（内宫，位于宫区南部，为女眷住所）；玉佛寺（位于宫区东北角，其位置与大城王宫喜善佩寺对应，见图4-554）。

王城周围绕水渠。宫内建筑布局并没有明显的轴线关系。除玉佛寺大殿为东西朝向外，其他宫殿建筑多为南北向。主要建筑集中在中廷内，可分为三组：

1、王居组群（Phra Maha Monthian Group，Maha Monthian意为"国王居所"，是拉玛三世改的名字，亦有音译为"摩天组群"的）：

位于中廷中部，即整个宫区的中心（图4-560、4-561）。建筑全部为传统的泰国风格。是宫中最重要的觐见场所。建筑朝北，内部相通，自最前方的

公共觐见厅（御座厅）依次过渡到礼仪厅堂和国王的居所。

自拉玛二世开始，这里即为国王的加冕处所。建筑始于1785年拉玛一世时期。最初仅包括两座御座殿，之后拉玛二世又进行了扩建。为宫中临朝听政、举行重要典礼之处。

位于前方（即最北面）的阿玛林·威尼猜御座殿是组群内最重要的殿堂，为接见外国使节和举行重要仪典活动的处所（图4-562~4-564）。大殿立在50厘米高的基台上，屋顶覆绿色及橙色瓦片。山墙上饰有表现因陀罗（帝释天）的壁画（故亦称因陀罗殿）。厅内两排方柱（左面五根，右面六根）。藻井天棚上饰有玻璃马赛克制作的星星。御座位于大殿后部，上置标志王权的九重伞盖，背后船形基座上的亭阁象征须弥山。

左页：

图4-581曼谷 大王宫。玛哈组群，兜率殿，
西北侧现状

本页：

（左）图4-582曼谷 大王宫。玛哈组群，兜
率殿，近景及细部（建于拉玛一世时期的兜
率殿为宫中最早建筑，其装饰为早期老曼谷
风格的典范）

（右）图4-583曼谷 大王宫。玛哈组群，兜
率殿，屋顶尖塔塔基近景（以毗湿奴的坐骑
迦鲁达支撑，在泰国，迦鲁达称kroot，国王
称号"拉玛"即毗湿奴的化身，因而kroot
便成为王权的象征）

位于因陀罗殿后面（南面）的派讪·他信御座厅最初是拉玛一世的私人觐见厅和起居处所，他死后被改造成举行重要宗教与国事礼仪活动的厅堂和举行国王加冕典礼的处所（最后一次是1950年拉玛九世的登基典礼）。这是个长长的矩形大厅，墙面上华美的壁画表现佛教和印度教的神话场景。厅内有两个御座（分别位于东西两侧，东面一个为八角棱柱形）。建筑内供奉着一尊拉玛四世在位时下令以黄金铸造的一尊高约20厘米的"暹罗护国神"（Phra Sayam Thewathirat）立像，因而也被称为护国殿。

位于这座御座殿南面的差格拉帕德·披曼宫（转轮王居）处于这组建筑的中心位置，由三个于内部相连的矩形建筑组成，是当年拉玛一世、二世和三世的住所（中央为接待厅，东西两部分为供国王使用的私密房间）。

2、却克里组群：

组群由九个大小不等的建筑组成，和王居组群一样，自北向南展开，但两组建筑风格上完全不同。

1868年，拉玛五世即位后，就开始计划建造更大的御座厅。1875年，他到新加坡和爪哇考察，带回两

图4-586曼谷 大王宫。玛哈
□群，阿蓬碧莫亭，西立面
□景

英国建筑师——约翰·克卢尼奇及其助手亨利·C. 罗□所，并委托他们设计和建造这座新的建筑。工程始□1876年，开始时国王希望完全采用带穹顶的西方风□格，但由于其主要大臣的坚持同时考虑到和宫内其他建筑协调，最后采用了两者（欧式风格与泰国传统）

相结合的样式（图4-565~4-575）。三段式的主体结构采用法国古典建筑式样，立面效法意大利文艺复兴风格（但没有严格遵循柱式规章）。泰国传统则主要体现在十字形坡顶及镀金尖塔的造型上（坡顶按传统铺设绿色及橙色瓦片）。由于建筑本身高度和体量都

较大，屋顶坡度和尖塔高度均有所降低。御座厅完
成于1882年，因正值却克里王室（House of Chakri）
和大宫创立100周年，因此命名为却克里殿（原意为
"却克里王室之座"）。山面及御座厅大门上均有却
克里王朝的徽章标记。御座厅主入口弧形山墙山面上
绘拉玛五世的肖像。

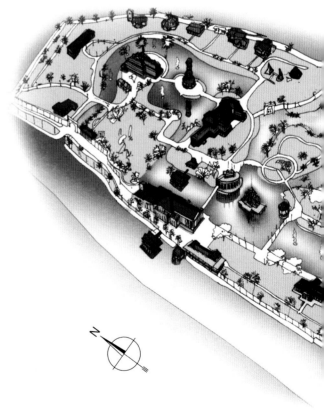

整个建筑位于大王宫中廷中部偏西处，平面成倒
H形，御座厅所在的主翼（立面翼）三个主阁上均立
高七层的尖塔。中央阁楼设挑台，其屋顶及尖塔比两
侧的更为高大突出。南面另有一个沿东西轴线的平行
翼，东头蒙·沙探·伯罗玛德宫建于1869年，是拉玛五
世出生和度过童年的地方，后为小宴会厅及接待厅。
西头索穆提·特瓦拉·乌巴巴宫建于1868年。1874年，
拉玛五世正是在这里向他的大臣们通告了解放奴隶的
意愿。两翼之间由一个沿南北轴线布置的横向厅堂连
接（御座厅位于其北端）。主要厅堂均布置在二层和
三层，包括藏书室及王室的藏骨堂；底层原为卫士及
仆人住所，现为兵器博物馆。

组群南端的宫殿（伯罗姆·拉差沙提·玛赫兰宫，

本页及左页:

(左上)图4-587大城 邦巴茵夏宫(始建于1632年,1851~1868年重建和扩建)。卫星图及分区示意

(中下)图4-588大城 邦巴茵夏宫。鸟瞰图

(中上)图4-589大城 邦巴茵夏宫。天明殿,南侧俯视全景

(右)图4-590大城 邦巴茵夏宫。观景塔(伊斯兰风格),自天明殿平台处望去的景色

左页：

图4-591大城 邦巴茵夏宫。艾莎万-提巴亚-阿沙娜亭，东南侧现状

本页：

（上）图4-592曼谷 兜率宫（1897~1901年）。卫星图

（下）图4-593曼谷 兜率宫。宫区鸟瞰全景

图4-576）为一体量巨大的方形结构。这里原为拉玛五世建的两个接待外国贵宾的宴会厅，至拉玛九世时因损毁严重被拆除。新建筑始建于1996年，但由于亚洲金融危机一度停顿，直到2004年方完成。

3、玛哈组群：

位于大王宫中廷西侧，主要建筑均属拉玛一世时期，是大王宫内现存最早的一批建筑（图4-577~4-579）。和其他两组一样，各建筑位于一条南北轴线上，御座厅在前，居住区殿后，边上布置次级厅堂及亭阁。

主要建筑兜率殿为传统泰式宫殿建筑的代表作（图4-580~4-584）。最初为木构殿堂，建于1782~1784年拉玛一世时期，系以15年前已毁的阿育陀耶（大城）的老宫为范本，用于举办皇家典礼及觐见仪式。五年后因遭受雷击焚毁，拉玛一世遂下令重建并更名为兜率殿。

这是座平面十字形的单层建筑，两个悬山屋顶成直角相交，山面朝外，于交叉处起尖塔，为曼谷后期"塔式"建筑的典型实例。这种形式和风格既可用于宫殿，亦可用于其他建筑类型，甚至是相对晚近的宗教建筑（如玉佛寺）。主体结构为三道重檐；十字中心塔式尖顶由三部分组成：下部为象征七重天的七层基座，由四尊迦鲁达支撑；中间代表窣堵坡的钟形结构演变成四面锥体；顶部塔尖类似莲花蓓蕾。各屋面中心绿色，外围红色及白色边框。纤细的屋檐托架作低头那迦状。门窗框架顶部同样饰微缩的塔式

尖顶。建筑前部小门廊内亦安放宝座（Busabok Mala Throne），作为国王会见臣民及举行仪典处。室内中心，十字交叉处塔状尖顶下布置镶嵌有珍珠母的宝座，上方八角形空间类似中国藻井样式，装饰镀金和玻璃马赛克制作的恒星天花（见图4-584）。

兜率殿东侧的阿蓬碧莫亭建于拉玛四世时期，是个位于平台上的开敞亭阁（图4-585、4-586），在比例、风格及细部上被视为泰国传统建筑的杰作，为王室举行庆典的后台，亦称除袍亭。

[其他组群]

占地约13公顷的邦巴茵夏宫位于古都大城以南25公里处，是泰国五处行宫中，离曼谷最近、规模最大的一处（南距曼谷58公里，图4-587~4-591）。宫殿始建于1632年，1767年泰缅战争后荒废，直到1851~1868年拉玛四世时期在旧址上重建和扩建。拉玛五世时期再次修复及扩建，至1896年竣工。这是个具有丰富水系的行宫，由水系和围墙分为北面内廷（皇室成员住所及休憩建筑）与南部外廷（礼仪、祭祀及行政建筑）两部分，和大王宫布局正好相反。建筑就水体自由布置，多为东西向。三个建筑组群分别

采用泰国、中国和西方风格。皇宫的北部另有一座僧院（名楚姆蓬·尼伽亚拉姆寺）。

相对大王宫，作为官邸使用的兜率宫组群建造时间较晚（1897~1901年，由第一位到欧洲访问的国王拉玛五世下令建造）。建筑仿西方风格，布局比较规整，道路大体与河流平行，建筑多为南北向，但也没有明显的轴线。宫区占地最初约为76公顷，现仅有40公顷左右。内有3座大殿和13座皇家宫邸（图4-592~4-596）。

左页：

（上）图4-594曼谷 兜率宫。御座殿，南侧现状

（下）图4-595曼谷 兜率宫。御座殿，北侧景观

本页：

图4-596曼谷 兜率宫。威曼梅克宫邸，西北侧景况（建于1900~1901年，为全部用柚木建造的最大建筑；1901~1905年为国王拉玛五世住所，后供其他王室成员居住，直至1932年，1982年重修为博物馆）

第四章注释：

[1]义净：《南海寄归内法传》卷1东裔国注说："从那烂陀东行五百驿，皆名东裔，乃至穷尽，有大黑山，计当吐蕃南畔。传云：蜀川西行可一月余，便达此岭，此次南畔逼近海涯，有室利察咀罗国，次东南有朗迦戍国，次东有杜和钵底国，以东极至林邑国。"

[2]哈利班超王国（Haripunchai，亦称骇黎朋猜），为孟族在今泰国北部所建城邦王国，中心在今泰国南奔府（Lampun）。

[3]见《梁书诸夷》："顿逊国，在海崎上，地方千里，城去海十里。有五王，并羁属扶南。"

[4]室利佛逝（梵文Sri Vijaya的音译），又作三佛齐国（Samboja kingdom），为7~11世纪位于大巽他群岛上的一个古代王国。鼎盛时期其势力范围包括马来半岛和巽他群岛的大部分地区。

[5]以上据谢小英. 神灵的故事：东南亚宗教建筑. 南京：东南大学出版社，2008年。

[6]巴尼斯特·弗莱彻将这个泰族人统治的时期（13~17世纪）进一步细分为：1、素可泰风格（Sukhothai Style）；2、大城府风格（Ayudhya Style）；3、北方清迈风格（Northern Chiengmai Style）；当然，这种分法在很大程度上只是为了方便而已，并没有清晰的划分标准。在泰族统治阶段，雕刻和室内的壁画都在建筑上起到了重要的作用。

[7]有关释迦牟尼的出生年代，由于印度古代典籍没有明确记载，各国传说和学者研究一般均以佛教本身的史籍为基础，进行考证并从卒年推算，因此说法不一，不仅有60种之多，且最早一说和最晚一说之间，相距达数百年。斯里兰卡、印度、缅甸、泰国、老挝、柬埔寨等南传佛教国家一般认为释迦牟尼生于公元前624年，卒于公元前544年，并以此为依据，在1956~1957年举行纪念释迦牟尼涅槃2500周年的盛大活动。西方学者根据南传史料，对佛灭度的年代有公元前489、487、486、484、483、482、478、477年诸说。日本学者宇井伯寿根据北传史料，从阿育王即位年代公元前271年上溯116年，推定佛祖为公元前466年生，前386年卒。中村元又据阿育王即位年代为公元前286年，推定佛陀的生卒年为公元前463~前383年。

[8]手印（Mudra），为印度教及佛教术语，系以两手摆成特定的姿势，用来象征特定的教义或理念。

[9]另说高84米。

[10]另说高120.45米，仅次于斯里兰卡的祇园寺塔（Jetavanaramaya，高122米），为世界第二高窣堵坡。

第五章 印度尼西亚

第一节 社会及宗教背景

在印度尼西亚,古代文明的主要发祥地是苏门答腊岛及爪哇岛。7世纪中叶,在苏门答腊岛上崛起的室利佛逝(三佛齐)[1]是印度尼西亚历史上第一个强大的王国。荷兰人巴滕堡于1920年在南苏门答腊省格度干武吉一个河堤上发现的标有萨卡历605年(公元683年)的石块碑文(Kedukan Bukit Inscription),是现存最早的有关室利佛逝国的记载。鼎盛时期,其势力范围包括马来半岛和巽他群岛的大部分地区。约13世纪,其霸权地位被东爪哇的印度教王国满者伯夷(爪哇语:Madjapahit,马来语:Majapahit)取代。后者一度成为海岛地区的宗教和文化中心。

有关古代印度尼西亚社会的组织状况人们知之甚少。不过,政治和经济生活最重要的基本单位是村落当无问题。这些村落在很大程度上具有自主权,劳动和生产方式能满足宫殿组群和宗教社团的需求,同时还能积极开展农产品的商贸活动。总之,可以认为,古代印度尼西亚的社会组织在很大程度上是由农民和王公贵族组成。但8或9世纪的铭文表明,这里同时还存在由王室官僚组成的庞大中间阶层。祭司和僧侣主持和管理神庙及寺院,并对建造和维持这些宗教机构的费用来源进行全面监督。参加国王盛典的有作为民众代表的村落长老、地方商会和工匠团体。但对后者的活动(其中想必包括建筑师),人们几乎是一无所知。

随着印度影响的渗透,婆罗门教(Brahmanism,湿婆派Saivism)和佛教这两大宗教体系也随之传入印度尼西亚。后者最初是以小乘佛教(Hinayana)的形式出现,广为传播后改以大乘佛教(Mahayana)为主并掺入了密教成分。湿婆派可能因其和印度尼西亚的地方宗教信仰相近,对民众有很大的吸引力;佛教则是上层社会和宫廷显贵的宗教。在促使统治阶层接受新宗教上,可以频繁和直接出入宫廷的上层僧侣(最初想必是占主导地位的印度人)显然起到了重要

的作用。事实上这些统治者在新宗教里已被神化。

这些观念自然在艺术领域内产生了深远的影响。在几乎上千年期间,由君主们投资建造或制作的主要建筑和雕刻作品,都从这种独特的理念里汲取灵感。建筑作品越来越具有象征意义,逐渐背离了它自身应有的功能特色。

在纪念性建筑的建造上,僧侣往往起着特别重要的作用。他们不仅要使在位君主相信这样做的必要,还要承担接下来的组织工作。一则778年的铭文清楚地证实了僧侣的地位和作用,842年的另一则铭文也谈到了类似的事实。僧侣不仅需要熟悉印度的专著(sāstras),他们中有的还具有建筑师(sthapatis)或雕刻师(sthapakas)的专业知识。

现人们只能追溯8世纪以后印度尼西亚建筑的发展,第一座石构建筑即建于此时。早期极可能存在的小型木构神庙已荡然无存,用压制砖建造的房屋也不可能在热带气候条件下免遭最后破坏的命运。安山石(一种火山岩)是首选的建筑材料,石构神庙有时甚至被拆除以便重新利用其材料。爪哇建筑和宗教及文化一样,在很大程度上受到南亚次大陆的影响,很多历史遗迹都证明了这点,如佛教圣殿遗址婆罗浮屠和巴兰班南的印度教神庙。

学界通常把印度尼西亚建筑划分为两个文化时期:第一个称为印度-爪哇(Indo-Javanese)或中爪哇时期(Central Java period),自7世纪至10世纪;接下来为东爪哇时期(East Java period),自11世纪延续到16世纪。

一、中爪哇时期(7~10世纪)

6世纪以后,在中爪哇开始出现了两个相互竞争的王国——马打兰(Mataram Kingdom)和夏连特拉

（Sailendra Kingdom，来自梵文Śailēndra，意"山之王""山帝"），与当时的三佛齐王国分庭抗礼。在这两个王国统治期间，印度-爪哇文化达到顶峰。

马打兰王国（8~10世纪）信奉湿婆教（即印度教湿婆派），8世纪后期~9世纪中叶为建筑和艺术的繁荣期。王国桑贾亚王朝（Sanjaya Dynasty，另作珊查耶、珊阇耶，732~886年）共历8王（迪恩高原上的不少建筑遗址很可能就是桑贾亚王朝留下的），至886~898年沦为夏连特拉王国的属国，但仍保有中爪哇海岸地带的领土。9世纪末，巴里栋（898~910年在位）上台，将夏连特拉王国的势力逐出爪哇，建立马打兰王国巴里栋王朝（898~929年）；10世纪中叶，迁都东爪哇，最终被三佛齐攻灭。

夏连特拉王国建于7世纪中叶，至8~9世纪[2]发展成为统治爪哇中部的强国，最盛时曾攻击占婆，迫使真腊向其纳贡。9世纪中叶，夏连特拉王朝的一支据说通过婚姻关系，以国王母亲是三佛齐公主的名义，承继了苏门答腊岛上三佛齐王国的王位，将两个佛教国家合成一个王国。夏连特拉王朝是东南亚地区的海上强国，经济上主要依赖富饶的开度平原盛产的稻米。

夏连特拉王国信奉大乘佛教（金刚乘），在国内修建了很多寺庙，大大促进了当地的文化复兴。王朝兴建的佛教古迹遍布爪哇中部的开度平原，在沿袭早期形制的同时，融入了许多本地及外来的元素，如山岳崇拜（夏连特拉原意即"山王"）。王国后期统治者改信印度教，但对佛教比较宽容，吸收了前期的文化和建筑技术，使印度教与佛教进一步融汇；如扩建婆罗浮屠，重建中爪哇马格朗的曼杜庙入口，使印度教与佛教的元素相互调和，同时建造了与印度教巴兰班南组群相似的普劳桑寺。

在苏门答腊、马来半岛或婆罗洲，目前尚无自三佛齐帝国时期留存下来的重要建筑遗存；但在爪哇岛中部迪恩高原和开度平原地带，尚可看到同时期马打兰王国桑贾亚王朝和夏连特拉王朝的独特建筑遗迹（主要属8~9世纪，综合了印度、印度尼西亚和佛教建筑的特征）。这些以婆罗浮屠和巴兰班南建筑为代表，由坚实的石墙和叠涩挑出的拱券建成的神庙建筑群，并不是位于大的居民中心边上，而是隶属于相对隔绝的宗教社团。从中可明显看到5~6世纪印度笈多风格，以及桑吉和帕鲁德窣堵坡浮雕中所见那类建筑的影响。这些都表明，在这一时期，在从印度到中国海这片地区，佛教艺术得到了广泛的传播。

二、东爪哇时期（11~16世纪）

10世纪中叶，马打兰王国迁都东爪哇。随着地区政权的更迭，建筑的发展方向亦有所变化，印度的影响逐渐削弱，印度教对政治、宗教和艺术的影响式微，爪哇本土文化的地位则有所提高。许多印度教或佛教的庙宇，实际上是地方古老的祖先崇拜中心，以供奉湿婆、毗湿奴或观世音的形式来祭祀先王。建筑艺术中更多地融入了本土的要素，寺庙形制亦和中爪哇有别。

马打兰王国后分裂成两部分，至12世纪上半叶被谏义里王国（Kediri Kingdom，1050~1221年）合并，其领土包括今天的爪哇岛东部和中部、巴厘岛、龙目岛、松巴哇岛以及加里曼丹岛南部地区，与三佛齐王国对峙。1222年，谏义里王朝被庚·安洛（1182~1227年）创建的信诃沙里王国（Singosari Kingdom，1222~1292年）推翻，后者势力一度扩展到爪哇以外的苏门答腊东部和马来半岛南部，在宗教上则以湿婆-佛陀的形式最终完成了佛教和印度教的融合。1290年，信诃沙里国王克塔纳伽拉（1268~1292年在位）将三佛齐势力逐出爪哇。此后，元世祖忽必烈曾数次遣使招降，遭拒后，于1292年（元至元二十九年），遣一千艘战舰组成的海军，从福建泉州渡海，登陆爪哇，灭信诃沙里王国。

信诃沙里王国被灭后，国王克塔纳伽拉的女婿罗登·韦查耶（1293~1309年在位）于13世纪末创立满者伯夷帝国（Madjapahit Empire，1293~1478年）[3]，以今泗水西南的满者伯夷城为首都。到14世纪，作为东爪哇时期三个王朝最后一个的满者伯夷已发展成东南亚最强大的国家，版图几乎包括整个印度尼西亚和马来半岛南部。1350~1389年国王哈亚·乌鲁克统治时期势力达于巅峰，不仅将版图扩展到群岛其他地方，甚至远达泰国南部、菲律宾和东帝汶，对巴厘（台湾地区译作峇里）文化的发展起到了重要的作用[4]。在这阶段，大乘佛教和印度教湿婆派同时共存（实际上，此时这两大宗教已融为一体），祭祀活动据信充满了密教[5]的神秘色彩。印度尼西亚本地的传统开始占有了更突出的地位，这一倾向在雕刻及本地的木偶戏上均有所反映。

穆斯林的入侵终止了印度尼西亚印度教和佛教的建筑传统。事实上，向伊斯兰教的转化早在13世纪已经开始，15世纪下半叶满者伯夷帝国的衰落，进一步促成了这一转变。到15和16世纪，在爪哇的沿海地带和其他岛屿，伊斯兰教已得到了完全的确立。在这一地区，至少在建筑领域，印度文化的影响开始全面衰退。只有巴厘岛是例外，在那里，还长期完整地保存着前伊斯兰时期印度文化的遗产，固有的传统作为民间艺术一直得以流传，此后荷兰人的到来，进一步引进了欧洲的要素。

第二节 中爪哇时期的寺庙及陵寝

一、建筑特征

在印尼，坎蒂（Candi）最初指墓构，后泛指献给神或佛的祠庙。在中爪哇，从北边的迪恩高原向东南方向的开度平原和巴兰班南平原延伸可划分出三个区域，集中了大多数寺庙遗迹。最古老的寺庙大都散落在北面海拔超过2000米的高原和山地，显然与山岳崇拜的传统有密切的关联。

这些寺庙遗迹大致可以分为三类：一是窣堵坡类型，如实心的婆罗浮屠，实际上被看作一个放大了的窣堵坡；二是毗诃罗，为平面矩形的大型多层结构，因外墙辟窗，显然是供僧侣居住或用于藏经的建筑，如巴兰班南的萨里寺和普劳桑寺；其他皆可归入第三类，即支提堂，内有供奉神像或林伽的内祠（胎室）。

除了婆罗浮屠形制比较特殊外，其他寺庙多属支提堂类型，系以各种方式暗示或象征佛教、耆那教、印度教宇宙观中最高的神山和众神的居所——须弥山。这类寺庙一般均由方形基台、立方体的殿身和三层阶梯金字塔状的屋顶组成（图5-1）。寺庙多用石块（火成岩）砌筑，开口或外挑处采用叠涩结构。外墙饰以浮雕神像（或佛像）及叶饰纹样，屋顶冠以印度教的宝瓶或佛教的窣堵坡。

实际上，中爪哇时期的这类寺庙均有其印度的原型，如印度南部帕拉瓦王朝时期马马拉普拉姆（现名马哈巴利普拉姆）的阿周那祠和法王祠等仿战车外形的建筑。特别是巴兰班南的萨里寺（图5-2~5-5），其筒拱屋顶很可能是受马马拉普拉姆五车组群之一怖军祠的启示。此外，迪恩高原的塞玛庙和翁加兰山的戈登3组中的小殿都有与众不同的盝顶（即将庑殿顶上部截去，改成四个正脊围合的平顶，见图5-24、5-48），只是其起源尚不清楚。在印度，石构寺庙中很多是从整体岩石中凿出，但在爪哇，却是用加工成型的块石砌筑；尽管建造方式不同，但在建筑形制上似乎并没有很大区别。马马拉普拉姆现存战车寺庙中有模仿木构建筑的明显痕迹，在爪哇寺庙中类似表现较少；但从整体看，中爪哇的这类祠庙与印度帕拉瓦王朝建筑之间无疑有着密切的关联。这些祠庙虽然有

图5-1 中爪哇 典型祠庙剖析图

（上）图5-2巴兰班南 萨里
寺。东北侧全景

（下）图5-3巴兰班南 萨里
寺。东立面现状

的尺度不大，但造型优美，比例得当，具有很好的透视效果。

　　和其他东南亚地区的建筑一样，在爪哇，祠庙不仅是神的居所，更是王权的象征，因此除了单体建筑外，人们对组群的布局给予了更多的关注。宏伟有序、对称规整的巴兰班南地区的祠庙组群是这方面的典型例证，如塞武寺（792年扩建，其中央祠庙的十字形平面可能是效法孟加拉国瑙冈的帕哈普尔寺主体建筑，图5-6~5-14）和巴兰班南的拉拉琼格朗寺。这些祠庙组群大都由中央主要祠庙和周围环绕的小祠堂

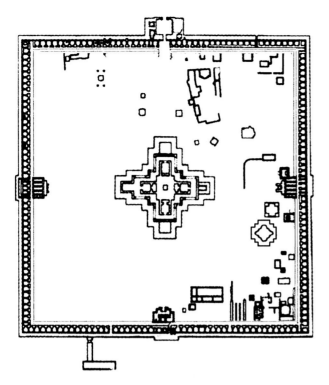
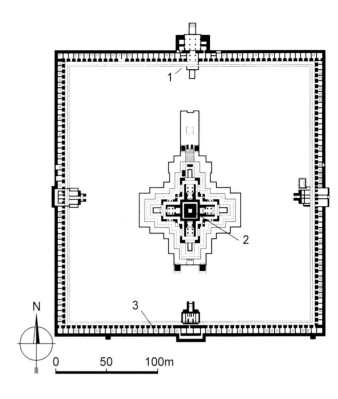

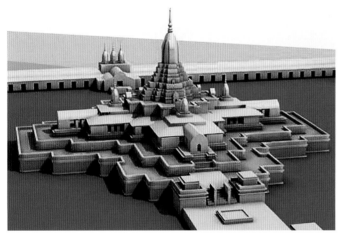

或窣堵坡组成，内外区均设围墙（见图5-172）。

　　和后期东爪哇的寺庙相比，中爪哇的这些庙宇在风格上显然更多地受到印度的影响，寺庙建筑群布局有序、对称；构造上亦更多表现出源于印度的特色。门廊屋顶向外凸出，山墙有三角形、弧形等样式，装饰设于顶端及两头。殿身主体立面多呈横长方形（即高度小于面宽）。外廊呈"S"形的台阶栏板上下两端分别饰饕餮及摩羯。入口大门和位于门柱及壁柱之间的壁龛多以卡拉-摩伽罗（Kala-makara，上端饰饕餮，下端用摩羯或那迦）作为外框装饰母题。入口两侧龛内立保护神像，其他各面供奉印度教神祇。寺庙一般东西朝向，仅有少数例外（如帕翁庙和曼杜庙朝西北；鉴于两者和婆罗浮屠位于一条直线上，帕翁庙居中，与其他两寺距离分别为1.75及1.15公里，可能

是为了面对位于西面偏北的婆罗浮屠，只是具体定向上角度有所偏移）。阶梯状屋顶逐层内收。每层较高，周边布置微缩祠堂或窣堵坡，总体比例高耸但不失庄重。

　　在认定中爪哇寺庙的发展阶段上，除碑文及其他历史文献记载外，其他可作为判定年代佐证的还有建造地点（从7世纪中叶~10世纪初，寺庙从北面山区逐渐南下，先到开度平原，最后到达到更远的巴兰班南平原）、砌造方式（在砖、石或两者混用的结构中，室内外采用不同的石材往往属后期），以及线脚细部（早期的比较简单，除上下反曲线脚外，余皆方直类型，平素无饰；后期的增加了圆形及齿状线脚，束腰部分常置浮雕；由于大部分建筑仅留基台，因此其线脚往往成为主要的判断依据，图5-15）。

左页：
（上两幅）图5-6瑙冈 帕哈普尔
寺。遗址平面及平面复原图：
、主入口；2、中央台地（上台
也）及塔庙；3、寺院小室（外
及凉廊）
（左下）图5-7瑙冈 帕哈普尔
寺。复原模型
（右下）图5-8瑙冈 帕哈普尔
寺。中央台地（上台地）及塔
庙，自院落东南角望去的景色

本页：
（上）图5-9瑙冈 帕哈普尔寺。中
央台地及塔庙，西南侧全景
（下）图5-10瑙冈 帕哈普尔寺。
中央台地及塔庙，东侧景观

除了真正的寺庙及祠堂外，另一种基本类型即陵墓或陵庙（candi）。它们尽管有各种变化，但或多或少具有固定的模式，通常分为三部分：上下带有线脚的方形基座（一面设台阶，宽度可有各种变化）；其上的立方形主体结构（通常配有龛室，在台阶一侧还有一个前置结构）；屋顶[分成各个层位，饰有马蹄券龛室和微缩的神庙造型，配有尖塔或仿窣堵坡形式的部件，顶上为象征湿婆阴茎（林伽）的圆柱或截锥形体]。在陵庙内部，一个施工前已挖好的井坑里，安置君主或王室成员的骨灰盒。很小的内部空间实际上只具有象征意义。这类建筑中，最早的实例可在迪恩高原看到（为一个祭祀湿婆的中心，属9世纪）。

二、迪恩早期

5世纪之前的爪哇，没有留下任何真正的建筑遗

（左上及下）图5-11瑙冈 帕哈普尔寺。中央台地及塔庙，西南侧现状

（右上及右中）图5-12瑙冈帕哈普尔寺。中央台地及塔庙，厅堂内景

（上）图5-13瑠冈 帕哈普尔
寺。中央台地及塔庙，西北
侧近观

（下）图5-14瑠冈 帕哈普尔
寺。中央台地及塔庙，基座
雕饰

迹，仅某些碑刻和石雕上有建筑形象的记录。如塔鲁玛王国（Tarumanagara、Taruma Kingdom）国王普尔那跋摩（395~434年在位）碑文中的寺庙形象；在婆罗浮屠的浮雕上也可以看到早期木构建筑的立面造型（图5-107表现一栋位于石砌基台上的木构建筑，由内祠的四根柱子支撑上部荷载，显然是反映了迪恩高原上早期木构祠堂的样式）。

迪恩是个海拔2000多米的沼泽高原，其名意为"神的住所"。自7世纪中叶开始约半个世纪期间，这里都是宗教活动的中心，尚存诃陵王国（Kalingga Kingdom，另译阇婆）时期的小型印度教神庙。据信最初有祠庙400座左右，但目前仅存八座，且具体建造年代不明（估计自7世纪中叶到8世纪末，当属爪哇已知最早的石构建筑群，图5-16~5-19）。按A. 赖特和C. 史密斯的说法，它们均以印度史诗《摩诃婆罗多》（Mahabharata）中的人物命名。2011年，朱莉·罗曼在一篇论文中指出，这些祠庙和印度南部的达罗毗荼和帕拉瓦风格有密切的关联[6]。

位于迪恩高原的这八座祠庙分别是：阿周那、塞

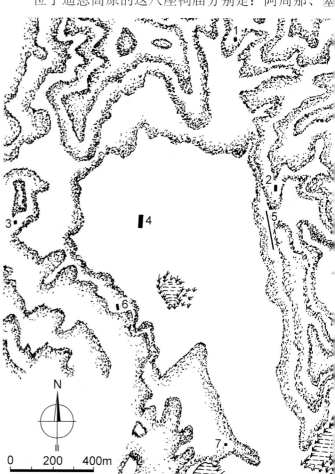

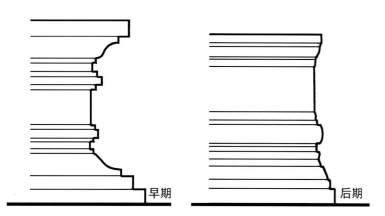

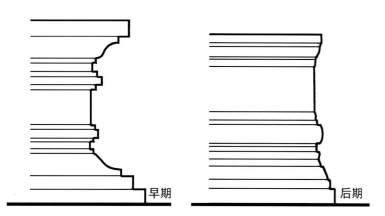

（左上）图5-15中爪哇 早期及后期基台线脚

（右上）图5-16迪恩 遗址（7世纪中叶~8世纪末）。总平面：1、德瓦拉瓦蒂祠庙；2、沐浴地；3、13世纪神庙；4、中央祠庙组群（阿周那及塞玛祠庙、斯里坎迪祠庙、蓬塔德瓦祠庙、森巴德拉祠庙）；5、挡土墙；6、加托特卡扎祠庙；7、比玛祠庙

（下）图5-17迪恩 遗址。19世纪中叶风光[版画，作者Franz Wilhelm Junghuhn（1809~1864年）]

 早期   后期

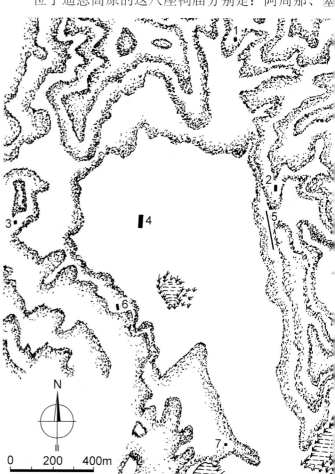 N   0 200 400m

（上下两幅）图5-18迪恩 中央祠庙组群。东北侧全景（除作为阿周那祠庙的附属建筑塞玛祠庙外，主要祠庙均入口朝西，沿南北向一字排开；照片自左至右：森巴德拉祠庙、蓬塔德瓦祠庙、斯里坎迪祠庙、阿周那及塞玛祠庙；上一幅拍摄者Federico Borromeo，摄于阿周那祠庙顶部修复前，下一幅摄于2007年，示顶部修复后状态）

玛、斯里坎迪、蓬塔德瓦、森巴德拉、加托特卡扎、德瓦拉瓦蒂及比玛。这一阶段具有探索的性质，统一的形制和规则尚没有形成。

阿周那和塞玛祠庙为一组群，分别供奉湿婆及其坐骑南迪，可能是迪恩高原现存最早的建筑（图5-20~5-24）[7]。阿周那祠庙更加接近古典时期的风格。主体结构前置门廊，门廊屋顶至主要檐口位置。入口朝东，大门前布置几步台阶。凸字形平面的基台平素无饰，线脚属早期类型。主体结构墙面以壁柱分划，壁龛边饰采用卡拉-摩伽罗母题。三层阶梯状的屋顶每层均仿基层样式，只是按比例逐层缩小，各层角上的小塔同样采用微缩祠堂的造型（其顶部经修复，图5-20为19世纪照片）。门廊坡顶至檐口处上翘，为地方特色表现。室内供奉林伽。

位于阿周那祠庙前方的塞玛祠庙平面矩形（面宽几乎为进深的两倍，在爪哇比较少见），以朝西的长边与主祠相对，立在高1米的基台上，无前廊。墙面

又于壁柱间开小型拱窗，无壁龛。檐口以上置盝顶，
比较特殊，且坡顶呈反曲线状，至檐口处稍稍上翘，
与对面主祠的门廊屋顶相互应和。从整体上看，这座
建筑颇似印度南部帕拉瓦王朝时期（7世纪）的寺庙。

斯里坎迪祠庙上部屋顶已毁，平面、朝向及基台
形式均类似阿周那祠庙，但主祠外墙浮雕边框相对简
单，没有采用卡拉-摩伽罗母题（图5-25~5-28）。框
内雕像为毗湿奴（北面）、湿婆（东面）和梵天（南

面），这也是爪哇后期常用的布局方式。前廊入口部
分处理较为特殊，没有像通常那样在平台前设带反曲
线栏墙的台阶，而是将入口一直延伸到凸字形平台外
缘，将台阶纳入门内。

三、夏连特拉王朝早期

[迪恩高原后期]

图5-22迪恩 中央祠庙
组群。阿周那祠庙，东
北侧景色

迪恩高原后期祠庙的建造始于750年左右，已属夏连特拉王朝时期。在王朝早期，宗教信仰（主要是印度教、佛教）相对自由。在建筑上，属于这一阶段的有蓬塔德瓦、森巴德拉、加托特卡扎、德瓦拉瓦蒂和比玛各祠庙。

蓬塔德瓦祠庙和早期的阿周那祠庙类似，主体结构方形，加前廊形成凸字形平面（图5-29、5-30）。但基台更高，由两层组成，一层平素无饰，另一层

与阿周那基台相似。从基台的简单线脚看，应属与□期，但总的形态表现要比阿周那祠庙更为成熟。□廊前台阶两段，分别配双曲线和弧形栏板。殿身壁□柱雕枝叶及垂饰。森巴德拉祠庙与之类似，均属夏□连特拉早期风格。惟基台较矮，几乎没有线脚装饰□（图5-31~5-33）。

加托特卡扎祠庙所属组群原有六座祠庙，现□有这座保留相对完好，其他五座皆成残墟（图5-34□

（上）图5-23迪恩 中央祠庙
组群。阿周那祠庙，侧立
面，近景

（下）图5-24迪恩 中央祠庙
组群。塞玛祠庙，东北侧景
色（其入口与主祠阿周那庙
相对）

图5-25迪恩 中央祠庙
组群。斯里坎迪祠庙，
西北侧景观

5-36）。其基台高1米，由两层组成；东侧及南北两侧皆有凸出部分，大门设在西侧。由于现存屋顶部分和主体形式类似，外观看上去好似两层。屋顶四面均有内置雕像的小龛，但由于顶部结构已毁，整个屋顶的最初形式目前还说不清楚。

德瓦拉瓦蒂祠庙形制类似，基台两层，线脚属早期。但和迪恩早期建筑相比，总体构图上又有所发展。平面为折角方形，并从台基一直延续至屋顶。

正面门廊及其他三面外墙上的壁龛均向前凸出，形成十字形平面，为祠庙提供了足够的供奉空间。主要神像各得其所：湿婆像居中，右侧为投山仙人（Agastya），左侧为湿婆之妻杜尔伽，湿婆之子迦内沙位于其后，这种安排一直持续到13世纪。该组群原有的四座祠庙中只有这座保留完好，其他三座仅存残址。

比玛祠庙为爪哇中部地区留存下来的小型印度教

（上）图5-26迪恩 中央祠庙组
群。斯里坎迪祠庙，东侧现状

（下）图5-27迪恩 中央祠庙组
群。斯里坎迪祠庙，北立面

图5-28迪恩 中央祠庙
组群。斯里坎迪祠庙，
北立面，雕饰细部（毗
湿奴像）

寺庙和葬仪建筑（所谓"tjandi"）之一，属桑贾亚-
夏连特拉（Sanjay-Sailendra）王朝早期[8]。但它表现
较为特殊，是一座位于山头上的独立建筑，也是迪
恩地区祠庙中最大的一个（图5-37~5-40）。和现存
典型的中爪哇寺庙不同，由于门廊和殿身的壁龛都
向外凸出，在平面上形成十字形（所谓三车式平面
"triratha"）。内祠和门廊的基座线脚在同一高度绕
行，仅在入口处中断；但门廊檐口要低于祠堂部分的
檐口，交接处因而显得颇为尴尬。建筑西面（背面）
中央有一个饰有卡拉（kala）头像的拱券，自顶部卡
拉口里吐出花环图案；其上为带齿饰的檐口。

由于祠庙十字形的平面形式自基台一直延伸到高
耸的锥形屋顶，四面中间向外凸出的屋顶颇似印度北
方拉蒂纳类型神庙的顶塔（图5-41）。屋顶四角于仰
莲座上起小型穹顶塔楼；各层辟马蹄状拱券壁龛，内
以莲瓣装饰，有的拱券顶端尚有下垂式尖头，这种做

（上）图5-29迪恩 中央
祠庙组群。蓬塔德瓦祠
庙，地段现状（西北侧
景色，右边远处为森巴
德拉祠庙）

（下）图5-30迪恩 中央
祠庙组群。蓬塔德瓦祠
庙，西北侧近景

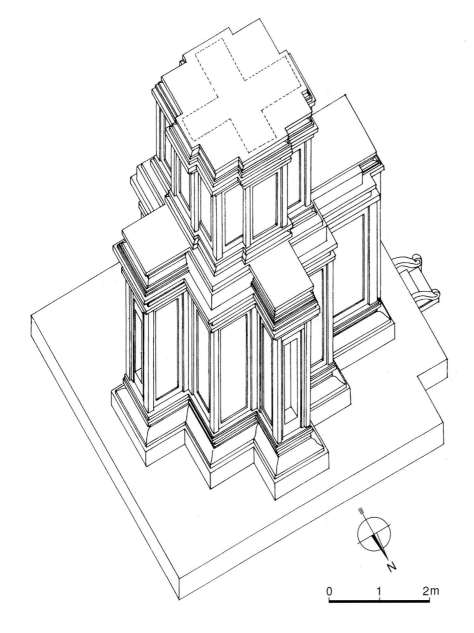

法在占婆美山A1风格中得到进一步的运用。龛室内隐出许多湿婆头像，构成这座祠庙最引人注目的特征。这种装饰方式实际上是来自印度南方，如马马拉普拉姆的"五车"组群和帕塔达卡尔的加尔加纳特神庙。殿身及屋顶平台檐口均饰有仰莲及垂饰条带。其总体造型颇似印度笈多时期坎普尔的比塔尔加翁神庙，因而有人认为，它很可能是以这座神庙作为范本。

[其他组群]

除迪恩高原年代相对晚后的各祠庙外，翁加兰山的戈登·松高建筑群、开度平原马格朗地区的古农武基祠庙及玛琅附近的巴杜祠庙，均可作为夏连特拉早期建筑风格的代表。

所谓戈登·松高建筑群是指散布在距安巴拉瓦12公里、海拔约1200米的翁加兰山南麓山坡上的九组印度教祠庙（每组之间相距100米或200米）。爪哇语戈登（Gedong）指"房屋、建筑"，松高（Songo）为数量词"九"，因而戈登·松高实际意为"九庙群"。

戈登·松高组群建于8~9世纪统治爪哇中部的马打兰王国初期。除了戈登1组祠庙可能约晚30年外，整个建筑群均建于730～780年间。和迪恩高原的遗存类似，建筑用火山岩石砌造，两地组群皆为爪哇最早的印度教建筑（早于婆罗浮屠和巴兰班南），深受印度寺庙影响。

这批建筑系1804年由英国官员、东方学家托马斯·斯坦福·宾利·莱佛士爵士（1781~1826年）发现。建筑群于近几十年进行了整修，有5组已得到修复。其中戈登1组保存较好（图5-42、5-43）。经修复的戈登2组主殿入口朝西，平台上形成一个半米宽绕行主殿的通道（图5-44~5-46）。壁龛饰卡拉-摩伽罗（饕餮-摩羯）造型，上部如门廊，出弧形屋檐。三层屋顶平台上承小窣堵坡式顶饰及三角形山墙，前面

本页及左页：

（左上）图5-31迪恩 中央祠庙组群。森巴德拉（三波佐）祠庙，透视复原图（取自DUMARÇAY J，SMITHIES M. Cultural Sites of Malaysia，Singapore，and Indonesia，1998年）

（中上）图5-32迪恩 中央祠庙组群。森巴德拉祠庙，西立面景观（位于蓬塔德瓦祠庙南侧的这座建筑入口处尚存保留完好的卡拉-摩伽罗拱券，中央祠庙组群各建筑入口及龛室处几乎都有这类拱券装饰，但这是保存最好的一例）

（右上）图5-33迪恩 中央祠庙组群。森巴德拉祠庙，西北侧近景

（右下）图5-34迪恩 加托特卡扎祠庙。西立面（入口面）现状

有个可能起护卫作用的小殿残迹。戈登3组由三座建筑组成,两座主殿朝东,形式如戈登2组主殿;朝西的一座小殿可能是用于贮存(图5-47~5-49)。戈登4组由一座主殿和周围几个可能是附属祠庙的残迹组成(图5-50)。主殿基台高1米,周边为半米宽的走道,主体形式类似戈登2组,壁龛内雕像已毁。戈登5组同样由主殿和周围几个可能是附属祠庙的残迹组成(图5-51)。

每组建筑中除尊崇湿婆的主庙外,相邻的次级祠堂大都残毁,且未归位复原。建筑结构和迪恩高原的

本页及左页：

（左）图5-35迪恩 加托特卡扎祠庙。北立面景观

（右）图5-36迪恩 加托特卡扎祠庙。东北侧景色

（中）图5-37迪恩 比玛祠庙。西南侧全景

类似，但在形式的变化上则有所不及，更多地强调基台及檐口线脚。和迪恩高原的祠庙相比，装饰较少，但更为集中，更加突出门框、山墙及屋顶平台等部分；同时出现了弧形山墙、菱形图案、双曲线单坡屋顶和端头起翘的檐口等新的构图母题（如戈登3

组）。戈登·松高这批祠庙奠定了爪哇印度教-佛教建筑的基础，其构图形制和装饰元素一直沿用到13世纪（图5-50示典型的祠庙立面：方形基台正面设带双曲线栏板的台阶，门廊两边壁龛内立护卫神雕像，殿身高度接近面宽之半。高耸的三阶台屋顶逐层内收，高

度约为殿身两倍）。

古农武基祠庙位于中爪哇马格朗摄政统治区，为印度教湿婆庙，建于732年，是732年~10世纪中叶统治中爪哇的马打兰王国的第一座建筑（图5-52）。祠庙院落占地50米见方，建筑由安山岩石块砌筑，包括一座主庙（仅留基台）和至少三座在主庙前横向一字

左页：

（左上）图5-38迪恩 比玛祠庙。西北侧远景

（左下）图5-39迪恩 比玛祠庙。东立面景观

（右上）图5-40迪恩 比玛祠庙。侧立面，近景

（右中）图5-41拉蒂纳式顶塔 典型式样

（右下）图5-42翁加兰山 戈登·松高组群（九庙群，730~780年，戈登1组约晚30年）。戈登1组，主殿，西北侧全景

本页：

（左上）图5-43翁加兰山 戈登·松高组群。戈登1组，主殿，西南侧景色

（右上）图5-44翁加兰山 戈登·松高组群。戈登2组，主殿，西北侧地段全景

（下）图5-45翁加兰山 戈登·松高组群。戈登2组，主殿，西立面现状

排开的次级祠庙。组群内还发现了约尼（yoni）基座和湿婆坐骑圣牛南迪的雕像。从铭文中可知，约尼曾上承林伽（为湿婆的象征，但现已无存）。

巴杜祠庙之名（Badut）原意为"小丑"，可能是因为该区有许多胡桃树（称badut tree）；也可能是因为建造神庙的国王名利斯瓦（Liswa），在古爪哇语里意为"小丑"；还有一说是该词来自梵语"Bha-dyut"，即"寿星之光"。祠庙位于海拔508米群山环绕的谷地内，一个占地2808平方米的花园里（图5-53）；1921年，由荷兰督察员E. W. 莫琳·布雷希特发现，当时已残毁，仅基部完整且被树木及泥土覆盖。1925~1926年，在荷属时期考古负责人德哈恩领导下进行了修复，最后一次修复系1991~1992年由印尼政府主持完成，但屋顶以上部分未能找到。室内有林伽、约尼、圣牛等雕刻残迹，同时还发现了祠庙外部围墙的基础。

四、夏连特拉王朝盛期

　　自775年开始至9世纪上半叶，夏连特拉王朝的寺庙建设进入盛期。8世纪下半叶佛教在中爪哇的兴起和传播促成了新一轮的建设高潮。开始阶段（775～790年）的祠庙仅有一个内置单一佛像的方形内室；接下来一个阶段（790～830年）于中央内室四面增设

本页：

（上）图5-46翁加兰山 戈登·松高组群。戈登2组，主殿，东北侧景观

（下）图5-47翁加兰山 戈登·松高组群。戈登3组，东南侧全景

右页：

（上）图5-48翁加兰山 戈登·松高组群。戈登3组，西北侧景观

（下）图5-49翁加兰山 戈登·松高组群。戈登3组，主殿，东立面

（左上）图5-50翁加兰山 戈登·松高组群。戈登4组，主殿，立面图

（右上）图5-51翁加兰山 戈登·松高组群。戈登5组，主殿，残迹现状

（下）图5-52马格朗 古农武基祠庙（732年）。次级祠庙，现状（为主庙前尚存的三个次级祠庙之一）

小室，如此形成的十字形平面用以供奉五方佛——中央的毗卢遮那佛（释迦牟尼佛）、东方不动如来佛（阿閦佛）、西方阿弥陀佛、南方宝生如来佛及北方的不空成就佛。

中爪哇早期受印度影响的祠庙形制较简，仅门廊及附属祠堂有所变化。到夏连特拉王朝盛期，为了满足新的仪礼要求，变动涉及包括主体结构在内的每个祠庙。约建于8世纪的婆罗浮屠，开度平原的曼杜庙（9世纪初，位于马格朗）、帕翁庙（8世纪，位于马格朗）、雅文庙（8世纪，位于蒙蒂兰，图

（上）图5-53玛琅 巴杜祠庙。侧立面，现状

（下）图5-54蒙蒂兰 雅文庙（8世纪）。遗址现状

5-54），以及巴兰班南的塞武寺、日惹东面的卡拉桑祠庙，均为这一时期的代表作，且无一例外属佛教寺庙。

[婆罗浮屠]

著名的婆罗浮屠（千佛坛）为一大乘佛教佛塔遗迹。建筑位于印尼中爪哇省距日惹市西北40公里、风景秀丽的爪哇平原上（属马格朗地区，蒙蒂兰附近），背对着活火山。婆罗浮屠是当时（9世纪）世上最大的佛教建筑和夏连特拉王朝的杰作，也是整个印度尼西亚最重要的古迹和艺术的最高表现，2012年6月底，被吉尼斯世界纪录大全确认为当今世界上最大的佛寺（平面、立面、剖面及剖析图：图5-55~5-63；模型：图5-64~5-67；现状景观：图5-68~5-80；塔顶平台：图5-81~5-89；廊道龛室及墙面浮雕：图5-90~5-107）。

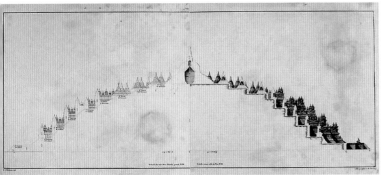

由于没有确凿的文字记录，婆罗浮屠的建造年代只能通过浮雕及间接的铭文推测，现一般估计建于8世纪（750～800年），即当时统治爪哇岛的夏连特拉王国的鼎盛时期（760~830年，在三佛齐帝国的影响下）；有的认为其施工可能用了75年，于825年萨马拉通加（812~833年在位）当政时竣工；另有说法是842年左右。又据爪哇民间传说，其建筑师为古纳德尔玛，但由于没有文字证据，人们对他所知甚少。

由于印尼语中，庙宇被称为坎蒂（candi，该词也用于描述其他古迹），因此这座巨大的建筑在地方上被称为婆罗浮屠庙（Candi Borobudur）。实际上，婆罗浮屠之名的来源并不是很清楚（印度尼西亚许多古代庙宇的原名都已失传），它最早出现在托马斯·斯坦福·莱佛士爵士所著《爪哇历史》（*The History of Java*）一书中，此外再没有更早的文献提到这一名称。唯一提供了某些线索的爪哇手稿是1365年满者伯夷王国宫廷佛教学者普腊班扎[9]的长诗《爪哇史颂》（原名《王国录》，*Nagarakertagama*），其中称一座佛教庙宇为"浮屠"（Budur），很可能就是指这座建筑，但没有其他的文献加以确认。

鉴于大多数庙宇都是根据附近的村落命名，因此这座建筑很可能是按附近的村落名记为"Borc Budur"。但莱佛士认为"Budur"可能是相当近代爪哇语"Budu"（意"古代"），因而其意义是"古代的婆罗"。他还认为，该名可能来自"Boro"，即"伟大、尊敬"，"Budur"系指佛陀，故大塔意为"尊敬的佛陀"。另有考古学家认为，名字中

（上）图5-55马格朗 婆罗浮屠（千佛坛，750～800年）。平面（图版，作者C. W. Mieling，1873年）

（中）图5-56马格朗 婆罗浮屠。剖面（图版，作者C. W. Mieling，1873年）

（下）图5-57马格朗 婆罗浮屠。立面（图版，作者C. W. Mieling，1873年）

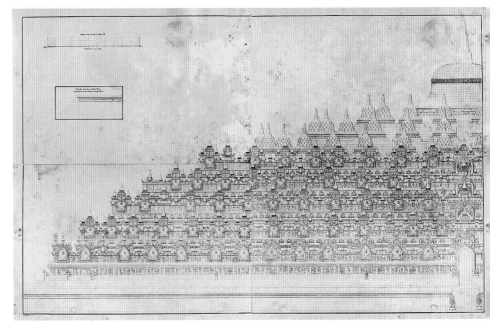

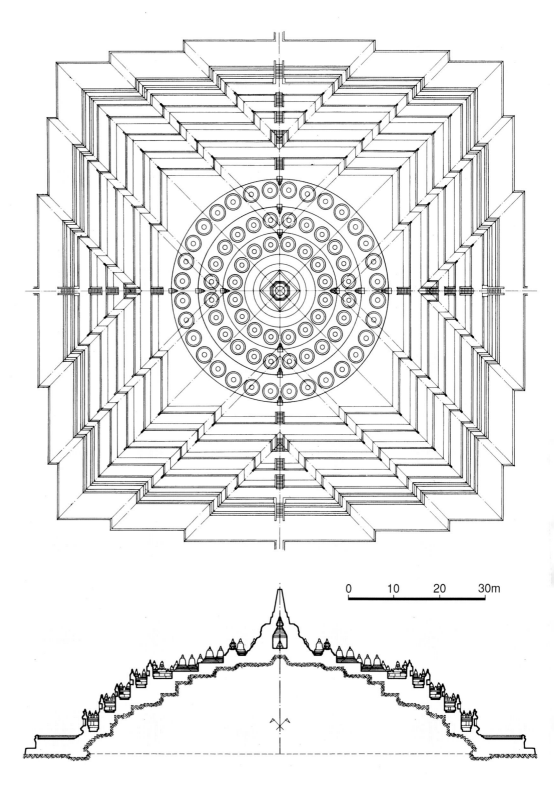

图5-58马格朗 婆罗浮屠。平面及剖面（1:800，取自STIER-LIN H. Comprendre l' Architecture Universelle, II, 1977年，经改绘）

0　10　20　30m

的"Budur"是来自爪哇语"Bhudhara"，即"山岳"。还有人指出，"婆罗浮屠"之名很可能来自梵语"Vihara Buddha Ur"，意为"山顶的佛寺"。

近代的发现及整修

由于火山爆发，塔群下沉、这座建筑在近千年期间隐藏于茂密的热带丛林中，直到19世纪初才被发现

和清理出来，并与中国的万里长城、印度的泰姬陵和柬埔寨的吴哥窟并称"古代东方四大奇迹"。

英荷爪哇战争之后，英国于1811~1816年统治爪哇。当时被任命为爪哇总督的托马斯·斯坦福·莱佛士对爪哇历史有着浓厚的兴趣。1814年在巡视三宝垄途中，他听说在一个名布米塞戈罗的村庄附近，丛林深处沉睡着一座巨大的佛塔。他本人没能亲临现场，便

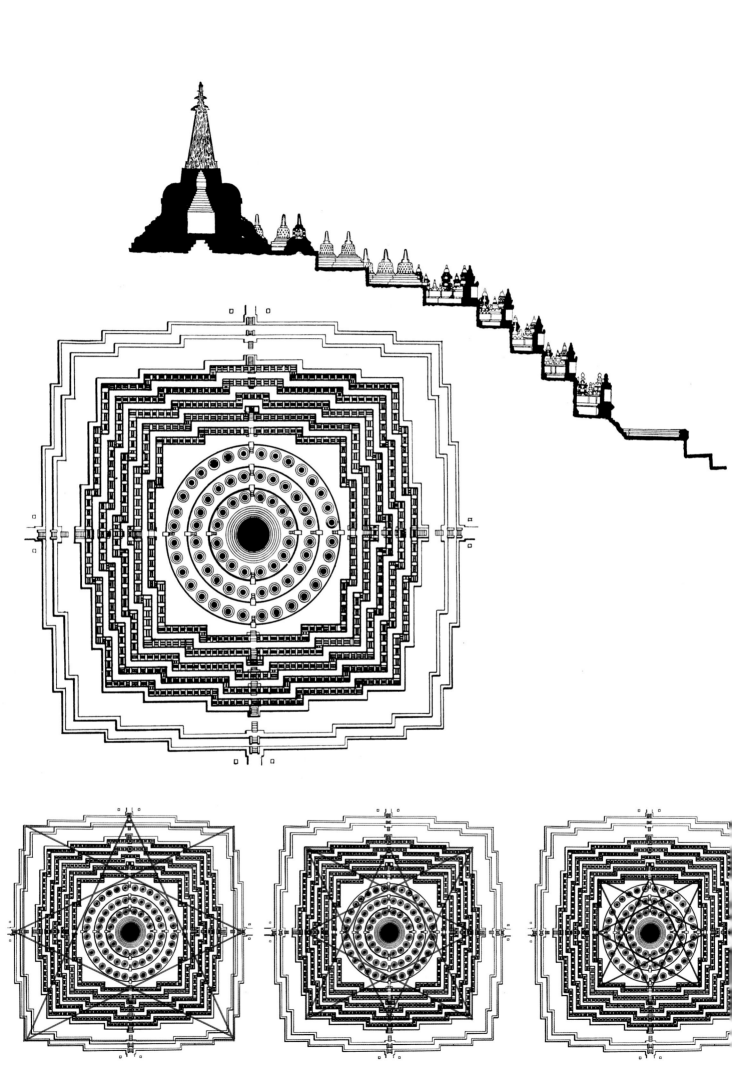

左页：

（上）图5-59马格朗 婆罗浮屠。平面及剖面（平面取自NUTTGENS P. Les Merveilles de l' Architecture，les Grands Monuments á Travers les Siècles，1980年；剖面据苏联建筑科学院《建筑通史》（*Всеобщая История Архитектуры*），第1卷，1958年）

（下）图5-60马格朗 婆罗浮屠。平面几何分析图

本页：

（上）图5-61马格朗 婆罗浮屠。半剖面（作者Gunawan Kartapranata）

（下）图5-62马格朗 婆罗浮屠。剖析图（取自MANSELL G. Anatomie de l' Architecture，1979年）

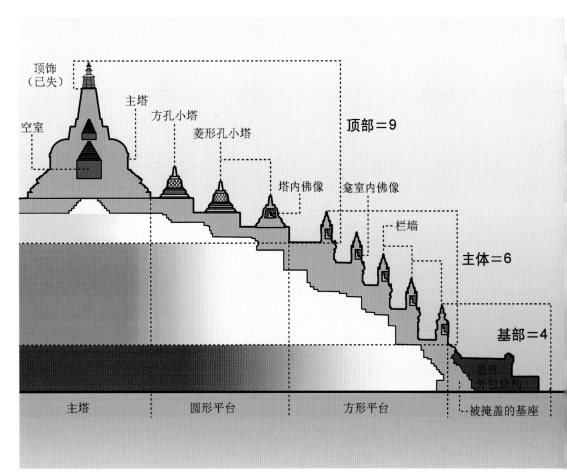

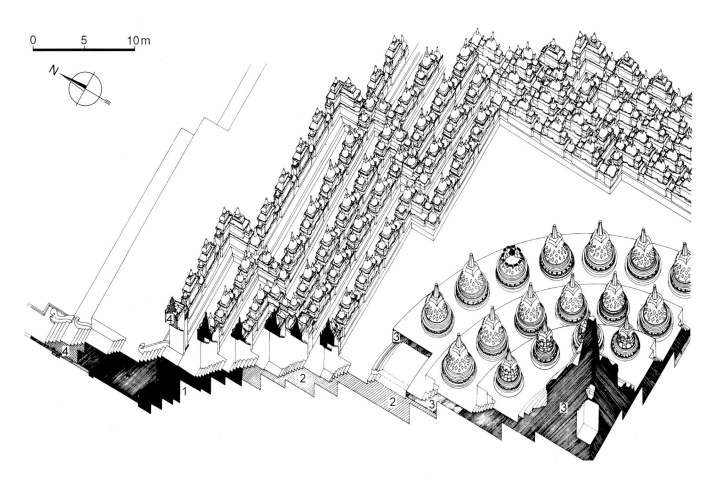

派荷兰工程师H. C. 科尼利厄斯前往勘察。后者带了两百个人，耗时两个月在丛林中开路并挖出了被泥土掩盖的大塔（由于有倒塌的危险，未能全部发掘廊道部分）。科尼利厄斯随后向莱佛士报告了他的发现，包括一些图稿。尽管莱佛士在《爪哇历史》中只有几段提及这次发现，但由于引起了世界的注意，人们依然将这座著名古迹的发现归功于他。

1835年开度地区的荷兰行政长官哈特曼继续科尼

利厄斯的工作，并发掘出整个组群。他对婆罗浮屠的兴趣主要是来自个人而非官方的身份。然而他没有撰写有关其活动的任何报告，特别是在主要窣堵坡内发现巨大佛像的传闻。1842年，哈特曼勘察了主佛塔，但不清楚有何发现（目前主要窣堵坡内是空的）。后来荷属东印度政府委任荷兰工程官员F. C. 威尔森前往勘探，他对古迹进行了研究，并绘制了上百幅浮雕的草图。同样受命对建筑进行详尽考察的还有J. F. G.

左页：

（左上）图5-67马格朗 婆罗浮屠。木模型

（右上）图5-68马格朗 婆罗浮屠。20世纪初景色（绘画，作者G. B. Hooijer，1919年前）

（下）图5-69马格朗 婆罗浮屠。俯视全景（全面修整前）

本页：

（上）图5-70马格朗 婆罗浮屠。俯视全景（自北面望去的景色）

（中）图5-71马格朗 婆罗浮屠。西北侧，19世纪景色（老照片，约1888年，Kassian Céphas摄）

（下）图5-72马格朗 婆罗浮屠。西北侧，现状全景

（上）图5-73马格朗 婆罗浮屠。东侧（东门入口侧），全景

（下）图5-74马格朗 婆罗浮屠。北侧现状

（上下两幅）图5-75马格朗 婆罗浮屠。东南角近景

本页及左页：

（左上）图5-76马格朗 婆罗浮屠。下台地，角台阶近景

（右上）图5-77马格朗 婆罗浮屠。下台地，线脚及饰带近景

（左下）图5-78马格朗 婆罗浮屠。入口通道及门楼（山面饰卡拉头像），向顶部望去的景色

（中下）图5-79马格朗 婆罗浮屠。入口通道及门楼，向下望去的景观

（右下）图5-80马格朗 婆罗浮屠。塔身第五层平台景色（该层构成上部圆形台地的基础）

布鲁曼德，他的工作完成于1859年。政府本打算在J. F. G. 布鲁曼德的研究和F. C. 威尔森所绘图稿的基础上发表一篇文章。鉴于布鲁曼德不愿合作，政府只好任命另一位学者C. 利曼斯根据他们两位的研究编撰一部专著并于1873年出版，次年又被翻译为法文。最早拍摄古迹照片的则是荷兰-佛兰德裔版画家伊西多尔·范金斯贝亨（1872年）。

（上）图5-81马格朗 婆罗浮屠。塔顶圆形平台全景

（中）图5-82马格朗 婆罗浮屠。塔顶平台，小塔及中央大塔（窣堵坡）近景

（下）图5-83马格朗 婆罗浮屠。塔顶平台，小塔近观（一）

（上）图5-84马格朗 婆罗浮屠。塔顶平台，小塔近观（二）

（下）图5-85马格朗 婆罗浮屠。塔顶平台，小塔近观（三）

（左页上）图5-86马格
朗 婆罗浮屠。自塔顶
平台处向下望去的景色

（左页下及本页两幅）
图5-87马格朗 婆罗浮
屠。小塔内的佛像，正
面、侧面及背面（顶部
72座小塔内皆有与成人
大小相当的佛像，这里
及以下几幅均示上部结
构已失的小塔）

　　自1885年日惹考古学会主席叶塞曼发现塔基下面
有"隐藏的基台"后，婆罗浮屠进一步引起人们的关
注。叶塞曼在1890~1891年将这部分隐藏的浮雕逐块
拍照。荷属东印度政府获悉之后采取了必要的保护
措施，于1900年设立了一个由艺术史学家布兰德斯、
荷兰皇家部队工程师西奥多·范埃普和公共事务局建
筑工程师范德卡梅尔组成的三人委员会进行评估。
该委员会于1902年向政府提交了一份三阶段的修复建
议。领导修复工程的西奥多·范埃普于1907~1911年按
"归位复原"的原则进行了初步的整修，重建了塔顶
的三层圆台和小塔。但由于经费有限，没有解决排水
问题，且采用的酸性混凝土对其他部分造成了腐蚀。

1960年代后期，印尼政府呼吁国际社会给予支持。1973年联合国教科文组织和印度尼西亚政府合作，于1975~1982年雇了约600人，花费690万美元，进行了一次彻底的修复。竣工之后，联合国教科文组织将其列入世界文化遗产名录。

建筑布局

婆罗浮屠系按佛教金刚乘的曼荼罗图样作为一个整体建造，建筑实际可视为一个立体的曼荼罗模型。整座塔庙垂直方向上可分为塔基、塔身和塔顶三部

（本页及右页下）图5-88马格朗 婆罗浮屠。小塔内的佛像，近景

（右页左上）图5-89马格朗 婆罗浮屠。仍留在小塔内的佛像

（右页右上）图5-90马格朗 婆罗浮屠。廊道龛室及墙面浮雕（自廊道内望去的景观）

分。塔基平面近于方形（实际上由于带凸出部分，形成五车平面），边长123米，高4米，形成第一个台地。塔身由五层逐渐内收高度递减近似正方形的台地

本页及左页：

（左上）图5-91马格朗 婆罗浮屠。廊道龛室及墙面浮雕（图示第四层台地廊道东北角）

（左下及右上）图5-92马格朗 婆罗浮屠。廊道龛室及佛像（龛室内共有432尊沉思冥想的坐佛像，各持一种手印；下面一幅为Jacques Dumarçay摄，示第一和第二廊道栏墙西侧）

（右中及右下）图5-93马格朗 婆罗浮屠。龛室佛像，近景

（左页及本页左上）图5-94马格朗 婆罗浮屠。龛室佛像，细部（婆罗浮屠佛像具有不同于凡人的神态与特征，如额间的肿块、半睁半闭的眼睛、微笑的面容、长长的耳垂和顺时针的螺旋形卷发等）

（本页下）图5-95马格朗 婆罗浮屠。廊道墙面浮雕，总观（图示下层第一廊道，北侧西翼情景）

（本页右上）图5-96马格朗 婆罗浮屠。廊道墙面浮雕：《本生经》场景

组成（头几层各面稍稍凸出成五车形式，至上部变为三车）；第一层距塔基边缘7米，以后每层缩减，形成净宽约2米的狭长通道；各层平台的边长由下至上分别为81米、74米、67米、60米和54米。台地边缘的矮墙同时充当通道的栏墙。塔顶部分位于第五层塔身平台之上，由三个象征天穹并带不同类型装饰的圆形开敞台地组成，从下至上直径依次为51米、38米和26米。每层上安置一圈覆钟形的小塔（窣堵坡），自下至上分别为32座、24座及16座，共计72座，组成三个同心圆，围着中央大塔；但和中央大塔（窣堵坡）不同，每个小塔表面都以不同的方式进行镂空处理，形成菱形洞口，通过洞口可看到里面姿态不一的禅定坐佛雕像（尽管只能看到局部，见图5-87~5-89）。这些圆形台地不设栏墙，台阶亦不设拱门，极为朴实，

突出了上部的开阔感觉，进一步烘托出中央大塔的高大宏伟。作为整座建筑制高点的中央钟形大塔（达伽巴）直径和高度均为10米，顶端离地35米。平面圆形的基台由两层向上内收的平台组成。基台上为半球形的覆钵，造型属古典类型，类似印度桑吉大塔。覆钵中间有一圈饰带，上置方形收分平台，顶上立八棱锥体（见图5-82）。

（左页上及本页）图5-97马格朗 婆罗浮屠。廊道墙面浮雕：神祇形象

（左页下）图5-98马格朗 婆罗浮屠。廊道墙面浮雕：菩萨白旗（Bodhisattva Svetaketu）

　　塔庙每边中央对应四个主要方位设入口及台阶通向塔顶中央大塔;台阶穿过由32只石狮把守的一系列叠涩拱门,门顶及门侧分别雕卡拉及摩羯头像,如其他爪哇庙宇做法。方形平台各拱门不同于一般庙宇大门,呈半圆拱形,增加了入口高度。主入口设在东边,浮雕故事亦从这里开始。

　　婆罗浮屠是建在山上(山坡上有台阶通往山下的平原),因而和平地上的庙宇不同,尽管在建筑工艺上并没有很大区别。建筑用取自附近采石场的安山岩石料砌造,总量约5.5万立方米。石块之间用榫卯连接,不施灰浆。结构完工后于现场制作浮雕。窣堵坡顶部、龛室和拱门均采用叠涩挑出结构。为适应当地的暴雨,建有良好的排水系统,共有100个布置在角上雕成人形或摩羯造型的排水孔。

　　建造过程采用的基本测量单位为塔拉(tala),是人脸上从前额发际线到下颌底部的距离,或者是尽量伸展拇指和中指时两个指尖的距离。1977年的一次调查发现,塔庙主要部分比例为4∶6∶9。同样的比例另见于附近的帕翁庙和曼杜庙。考古学家推测,这一比例可能具有历法、天文和宇宙观的意义,如同吴哥窟的做法。

左页:

(上)图5-99马格朗 婆罗浮屠。廊道墙面浮雕:廷臣

(下)图5-100马格朗 婆罗浮屠。廊道墙面浮雕:宫廷乐师(伎乐天)

本页:

图5-101马格朗 婆罗浮屠。廊道墙面浮雕:家庭生活

雕刻

人们相信，塔庙的三个主要部分代表着通往佛教大千世界的三个修炼境界，即欲界（Kamadhatu）、色界（Rupadhatu）和无色界（Arupadhatu）。塔基代表欲界，五层方形塔身代表色界，而三层圆形的塔顶和主塔则代表无色界。色界精美装饰的方形在无色界演化为不带装饰的圆形，象征着人们从拘泥于色和相的色界过渡到无色界。

塔身（色界）的五层方形平台和塔顶（无色界）的三层圆形平台上均布置了端坐于莲花座上的佛像。塔身（色界）的佛像位于栏墙外侧主墙面按一定间距设置的朝外龛室中。随着面积逐层缩小，壁龛及佛像数目相应递减。塔身底层有壁龛104个，第二层数量相同，第三层88个，第四层72个，第五层64个，总共432个内置禅定坐佛像的龛室（见图5-92~5-94）。龛室之间以微缩窣堵坡分开，每个上面另立三个这类小窣堵坡，它们合在一起赋予整座建筑一种优雅生动的外廓。塔顶佛像安置在三层总共72座镂空的小塔内。塔身和塔顶佛像共计504尊；目前完全缺失的有

本页及左页：

（上）图5-102马格朗 婆罗浮屠。廊道墙面浮雕：植物、花卉和女性

（左下）图5-103马格朗 婆罗浮屠。廊道墙面浮雕：印度商船（正是这些随船而来的印度殖民者将佛教传入爪哇）

（右下）图5-104马格朗 婆罗浮屠。廊道墙面浮雕：中爪哇民众迎接远航而来的印度僧侣

0 10 20cm

43尊，此外还有300多尊部分损坏（多数缺头部）。

这些佛像外观大同小异，仅手印（印相）有微妙差异。塔身的佛像共有五组印相，按大乘佛教的说法各代表五方佛的一方，即东方不动如来佛、西方阿弥陀佛、南方宝生如来佛、北方不空成就佛及中央的毗卢遮那佛。

1885年，人们在塔基内部发现了另一个早先的基座。这个隐藏的基座上同样刻有浮雕，160块版面并不是表现连续的场景，而是各自独立，表现佛教的因果报应律（Karmavibhangga）。这些饰有地狱场景的基础浮雕，之后即被覆盖。

除塔基内的160块外，婆罗浮屠另有浮雕2672块，在每层平台栏墙和上层平台之间通道两侧，栏墙内壁与上层平台外侧主墙面上还安置有叙事浮雕嵌板

1460块、装饰浮雕1212块，总面积达2500平方米。其中叙事浮雕分11组，环绕整座建筑，总长约3公里，描述佛陀在世的最后时日（可能是来自《普曜经》[10]），其前生故事（《本生经》，Jātakas）及虔信的传说（《譬喻经》，Avadānas）。除隐藏在塔基中的第1组外，其余10组从东门开始散布在塔身和四个通道的栏墙上。墙上的叙事浮雕自右向左，栏墙上的相反。这种分布方式系遵从佛教徒朝拜圣迹时的右旋礼方式（顺时针绕行，圣迹位于右侧）。塔身第一层墙上浮雕分上下两栏，每栏各120块雕板。上栏叙述佛陀生平，下栏和塔身第一、二层的通道栏墙表现佛陀前生（本生）。其余浮雕表述善财童子五十三参修成正果的典故。

门洞及龛室边框均采用了一种独特的拱券形式，

（上两幅）图5-106马格朗 婆罗浮屠。廊道墙面浮雕：窣堵坡形象

（右下）图5-107马格朗 婆罗浮屠。廊道墙面浮雕：木建筑形式

（左下）图5-108巴兰班南 塞武寺（"千庙群"，8世纪后期）。总平面及中央十字形祠塔平面

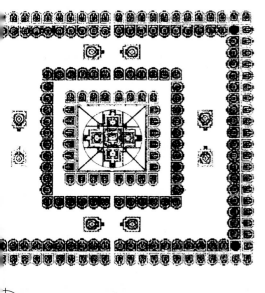

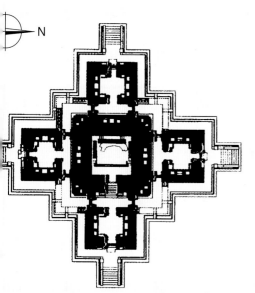

从名称（kala-makara arch）可知是综合了两种程式化的怪兽造型：一是顶部狰狞的狮头（kala，象征死神），一是门洞或龛室两侧下部的摩竭。这两种图案的结合不仅用于拱券，也用于整个爪哇中部的建筑。它们象征性地代表宇宙的两个基本方面——光明和黑暗、精神和物质。

宗教背景及象征意义

这种带层叠台地的窣堵坡很可能是来自美索不达米亚地区的塔庙（ziggurat），只是以不同的形式表现同样的内涵并在亚洲这些地区达到了巨大的规模。事实上，夏连特拉王朝之名本身即"山之王"[王朝之名来自梵文Salendra，是个由Sila（山）和Indra

左页：

（上两幅）图5-109巴兰班
南 塞武寺。卫星图及航
拍景色

（下）图5-110巴兰班南
塞武寺。19世纪中叶遗址
景色（版画，作者Springer，
约1852年）

本页：

（上下两幅）图5-111巴兰
班南 塞武寺。修复前景观
（Jacques Dumarçay摄）

（王）构成的词]。由于柬埔寨扶南国的名称是来自高棉语的"山"（Phnom），因而有学者认为夏连特拉王朝有可能是扶南的高棉民族南下爪哇后建立的政权。据1963年在中爪哇北部发现的一则7世纪的铭文记载，王朝开创者最初可能是信奉湿婆教；但从8世纪后半叶的两则碑文可知，在建造婆罗浮屠时，王朝统治者已改奉了佛教。

婆罗浮屠的功用及象征意义一直是学术界热议的话题。由于其实心结构和类似金字塔的造型，起初人们认为它是一座内藏舍利的窣堵坡，而非室内安置佛像、供信徒参观朝拜的庙宇。但从婆罗浮屠的设计和形制上看，显然具有庙宇的性质，即通过台阶和通道

（上）图5-112巴兰班南 塞武寺。东侧，现状全景（自入口大门处望去的景色）

（中）图5-113巴兰班南 塞武寺。南侧，现状全景（自入口大门处望去的景色）

（下）图5-114巴兰班南 塞武寺。主祠塔，东侧景观

本页:

（上）图5-116巴兰班南 塞武
寺。浮雕：菩萨像

（下）图5-117巴兰班南 塞武
寺。雕刻：守门天

右页:

图5-118（1）金刚界曼荼罗
（Diamond World Mandala）图
样，原件（现存日本奈良国立
博物馆）

引导信徒们拾级而上，直至顶层作为朝拜对象的大塔。每一层都代表修炼的一个境界，在朝拜路线上装饰着象征佛教大千世界的各种场景和图案。

这座巨大的窣堵坡式的建筑实际上是利用开度谷地的一座海拔265米的岩石小丘建造的。在这里，选址本身和建筑造型一样具有象征意义，它使人们想起古印度神话中位于四个世界（南赡部洲、西牛贺洲、东胜神洲、北俱芦洲）中心，众神居住的神山——须弥山。也就是说，这座不同寻常的巨大建筑是将整座山改造成佛教的象征体，成为大乘佛教的宇宙体系及其中心的形象代表[通过九层阶台通向天堂和极乐世界（nirvana）]。鉴于这一事实，1931年，荷兰艺术家及印度教-佛教建筑学者W. O. J. 尼乌文坎普进一步设想，建筑所在的开度平原最初可能是个湖，婆罗浮屠则是表现一朵漂浮在湖上的莲花。周围是否有湖因此一度成为20世纪考古学家争论的热点。然而之后相关的地质和生物学研究表明，寺庙建造之时周围的自然环境和现状并没有很大的区别。

还有的学者认为它是参拜者坐禅和开悟之地，人们可借此达到佛陀的高超境界；与此同时，它也可能是在宗教意义上象征支配全岛和宇宙的律法（dharma）。还有人进一步设想建筑可能被视为一个巨大的陵墓。除了象征性地表现宇宙外，这座建筑甚至还有可能是被视为菩萨[11]的夏连特拉王朝君主的纪念碑。建筑的壮观和华丽则证实了统治王朝雄厚的经济实力。

从建筑的角度来看，分划婆罗浮屠的三部分可能具有双重的象征意义：即三个世界（地狱、人间和天

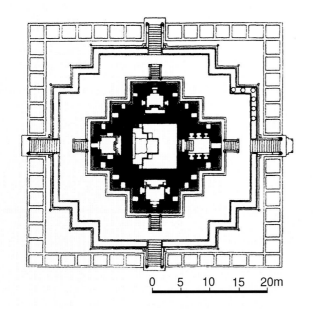

0 5 10 15 20m

左页：

图5-118（2）金刚界曼荼罗图样，复原图

本页：

（上）图5-119卡拉桑 佛教祠庙（778年）。平面

（下）图5-120卡拉桑 佛教祠庙。东北侧远景

（上）图5-121卡拉桑 佛教
祠庙。东南侧全景

（下）图5-122卡拉桑 佛教
祠庙。西北侧现状

图5-123 卡拉桑 佛教祠庙。东北侧近景

堂）和开悟的三个阶段。另一方面，方形结构使人们联想到大地，圆形则是天空的象征，因而这座建筑便成了真正的曼荼罗，可从各个方向到达顶部。实际上，婆罗浮屠的设计构思和每个细部与其说是来自建筑法则不如说是来自宗教的考量，并由此促成了一个极为壮观的建筑作品。

在第一次修复期间，人们即发现婆罗浮屠和另外两座佛教寺庙（曼杜庙和帕翁庙）位于一条直线上，

（左上）图5-124卡拉桑 佛
教祠庙。南门近景（门上为
巨大的卡拉头像，摩伽罗护
卫着门的边侧，这种卡拉-
摩伽罗的组合为8~9世纪中
爪哇印度教-佛教寺庙门廊
的典型配置）

（下）图5-125卡拉桑 佛教
祠庙。北门近景

（右上）图5-126卡拉桑 佛
教祠庙。龛室雕饰

（上）图5-127卡拉桑 佛教
祠庙。内景仰视

（下）图5-128马格朗 曼杜
庙（9世纪）。屋顶平面

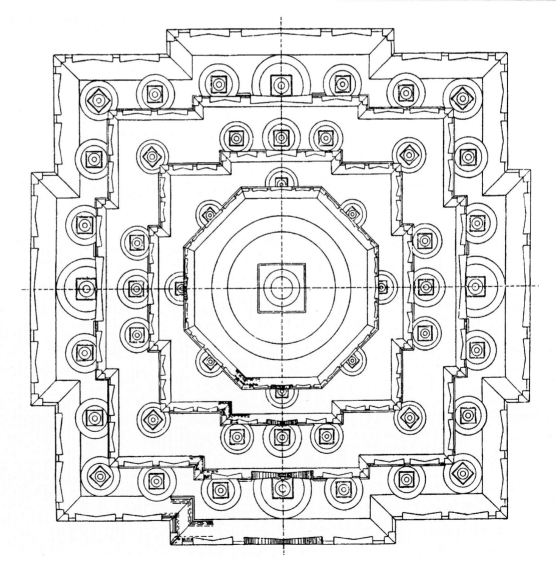

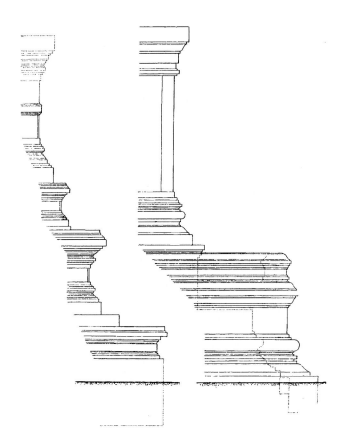

本页及右页：

（左上）图5-129马格朗 曼杜庙。阶台线脚图

（左下）图5-130马格朗 曼杜庙。19世纪后期状态（老照片，Kassian Céphas摄，约1890年）

（中上）图5-131马格朗 曼杜庙。北侧现状

（右上）图5-132马格朗 曼杜庙。主立面（西北立面）景色

（右下）图5-133马格朗 曼杜庙。东北侧景观

（上下两幅）图5-135马格朗 曼杜庙。内景（室内三尊雕像均属爪哇最精美的作品）

（左上）图5-137马格朗 帕翁庙。西立面现状

（右上）图5-138马格朗 帕翁庙。北立面近景

（下）图5-139马格朗 帕翁庙。东立面雕饰细部

（左中）图5-140巴兰班南 普劳桑寺（9世纪中叶）。卫星图（组群由174座建筑组成，包括116座窣堵坡和58座祠堂；南区两座主祠内曾有18尊雕像，北区主要建筑仅留基底部分）

据当地传说，很久以前有砖路从婆罗浮屠通往曼杜庙。鉴于这三座寺庙属同一时期，因此不排除其分布很可能有宗教方面的考虑。

[塞武寺]

位于中爪哇巴兰班南北面800米处的塞武寺，是该地区最大的大乘佛教寺庙组群，也是仅次于婆罗

（上）图5-141巴兰班南 普劳桑寺。南区，东侧全景（左右分别为南主祠及北主祠）

（中）图5-142巴兰班南 普劳桑寺。南区，西南侧全景（近景为南主祠，远处为北主祠）

（下）图5-143巴兰班南 普劳桑寺。南区南端，西南侧景色（中间为南主祠）

本页：

（上）图5-144巴兰班南 普
劳桑寺。南主祠，西北侧
远景

（下）图5-145巴兰班南 普
劳桑寺。南主祠，西南侧
现状

右页：

（上）图5-146巴兰班南 普
劳桑寺。南主祠，西北侧
全景

（下）图5-147巴兰班南 普
劳桑寺。南主祠，南侧景色

浮屠的印尼第二大寺庙（图5-108~5-117）。爪哇语塞武（Sewu）意为"千庙群"（尽管实际上总数只有249座）。大多数考古学家认为祠庙建于9世纪上半叶，但1960年在周围小祠堂（护卫祠，Candi Perwara，"Perwara"意为"护卫、补充"）发现的一则铭文表明寺庙完成于8世纪后期（792年），始建于马打兰王国国王、信奉大乘佛教的拉凯·帕南卡兰（760~775年在位）统治时期，并在他的继承人、国王因陀罗（775~800年在位）任上完成（其年代要早于附近的拉拉琼格朗寺）。建筑群可能在拉凯·皮卡坦（其妻为夏连特拉王朝公主）时期进行了扩建。组群目前残毁严重，当年其壮观程度想必不亚于婆罗浮屠及吴哥窟。

和巴兰班南寺一样，塞武寺于19世纪早期（荷兰殖民时期，所谓荷属东印度期间）开始引起国际上的注意。1807年，荷兰工程师H. C. 科尼利厄斯制作了相关的第一批版画。十年后（1817年），在英国统

治的短暂期间，托马斯·斯坦福·莱佛士在他的《爪哇
史》（The History of Java）一书中收录了科尼利厄斯
的相关绘画；尽管莱佛士随后又组织了一次考察，但
在以后几十年期间，并没有得到人们的重视。在这之
后的1825年，奥古斯特·佩恩又绘制了一系列图稿。

　　爪哇战争期间（1825~1830年），一些祠庙的石
头被用作防御工事，之后遗址又遭到抢劫，许多佛像
头部被窃。有的荷兰殖民者将雕刻用作花园装饰，当
地村民则取基础石料建房。一些保存较好的浮雕、头
像和雕饰被送到博物馆内或成为海外的私人藏品。

　　1867年，在一次地震导致主要祠庙穹顶倒塌后，

图5-150巴兰班南 普劳桑
寺。南主祠,外墙浮雕:菩萨

伊西多尔·范金斯贝亨对遗址进行了拍照。1885年，J. W. 伊泽尔曼重新考察了原先H. C. 科尼利厄斯看过的组群，指出许多佛像头部已失。到1978年，佛像头部全部被盗，无一留存下来。

　　1901年，莱迪·梅尔维尔资助拍摄了一组照片。1908年西奥多·范埃普开始对主要祠庙进行清理和修复。1915年，建筑师亨利·麦克林·庞特进一步扩大了修复范围。德哈恩更借助伊西多尔·范金斯贝亨拍摄

（上）图5-153巴兰班南 索吉万寺。东侧现状（经2014年修复）

（下）图5-154巴兰班南 班尤尼博寺。西北侧全景

的照片对较小的祠堂（护卫祠）进行了整修。接下来对遗址进行考古研究的还有W. F. 施图特海姆和J.克罗姆（1923年）、J. G. 德卡斯帕里斯（1950年）、雅克·迪马赛（1981年）等。

自20世纪初开始，祠庙进行了缓慢而精心的修复，但并没有完全复原，尚有几百座部件不全的残墟。主要祠庙及东侧两座祠堂的修复完成于1993年。2006年的地震进一步造成了很大的破坏，特别是中央祠庙受损严重。为保安全，临时在四角加了金属支架（现已移去）。

（上）图5-157日惹 桑比萨
里寺。遗址区，西南侧全景

（中）图5-158日惹 桑比萨
里寺。主祠，西南侧现状

（下）图5-159日惹 桑比萨
里寺。主祠，西立面

建筑群所占矩形地段南北向及东西向分别长185和165米。四个主要方位均设入口，但以东西轴线为主，主入口位于东侧。每个入口均由两个门神（守门天，Dvarapalas）雕像护卫。建筑群完全遵循曼荼罗（Mandala）图样，围绕主要祠庙布置，充分体现大乘佛教的世界观（图5-118）。环绕着中央祠庙的240座小祠堂（护卫祠）按同心的四圈布置，内部同样供奉佛像。最内一圈有28座小祠，形成方形围绕中央祠庙，主立面皆朝外；第二圈与第一圈隔开一定间距，44座小祠同样朝外。第三圈与第二圈之间相隔约25米，该区间于四边正中，南北及东西主要轴线两侧布置成对的侧面祠堂（apit temples，入口彼此相对），为组群内仅次于主殿的大祠（八座祠堂中目前仅东面一组和北面一个尚存）。第三圈共80座小祠，南北两边各18座，东西两边各22座，76座朝内，四个角上的小祠不设门廊，仅起构图作用；东西轴线处两祠堂稍稍分开，形成过道。最外一圈与第三圈靠得很近，共88座小祠，皆朝外，其中东西各24座，南北各20座（见图5-108）。

建筑群所有结构均用安山石块体砌筑。中央主庙高30米；其底层平面宽29米，加上凸角共有20个边。四个正向凸出部分配置台阶、入口及房间，上冠窣堵

坡，形成由中央较大的内祠（胎室，garbhagriha）及四面环绕的凸出房间构成的十字形平面。在修复过程中发现，最初这个十字形结构在第一阶段还未完工时便为了满足佛教仪式开始了第二阶段的改造工作，周围小室和主祠之间通过一道供绕行仪式用的半露天回廊相连，回廊形成它们之间的联系通道，并将中央内祠外部的壁龛纳入其中，廊道四角露天部分栏墙上布置成排的小窣堵坡。小室外墙与中央形体连接处板门

本页及左页：

（左上）图5-164巴都 松戈里蒂寺。残迹现状

（左中）图5-165巴兰班南 布布拉寺。残迹现状

（下）图5-166巴兰班南 伦邦寺。东侧全景（主祠塔位于方形寺庙区中央，每边布置五座次级祠塔，除主塔及北边四座，西面一座次级祠塔地面结构尚存外，其他仅留基础部分）

（中上）图5-167巴兰班南 伦邦寺。主祠塔，东南侧现状

（右上）图5-168巴兰班南 伦邦寺。主祠塔，东立面景色

亦属以后增建（见图5-108下图，在较窄的入口处装门框，其上安木门，现场尚可看到固定门的一些孔洞）。通过这些门将祠堂整合成一个带五个房间的主体建筑。

寺庙雕刻也有所更新，中央内祠的佛像及基座进行了扩大。四周小室两侧各辟三龛，龛中置立佛，轴线上壁龛供坐佛。可通过东侧房间进入的中央内祠不仅比其他房间更大，天棚和屋顶也更高。目前所有房间都是空的。但中央内祠雕有莲花的石座表明，祠内曾有一尊大的佛陀铜像[也可能是文殊菩萨（Manjus-

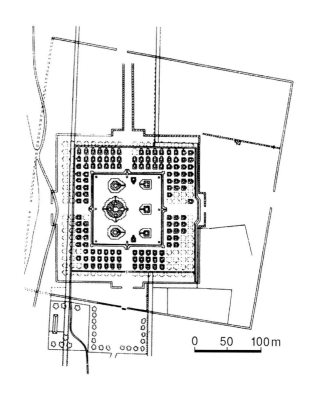

北侧堂

毗湿奴祠塔　　　迦鲁达祠

湿婆祠塔　　　南迪祠

梵天祠塔　　　桓娑祠

南侧堂

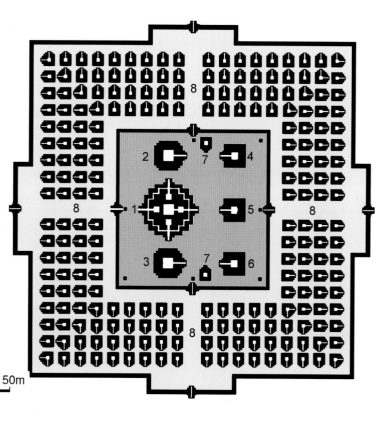

（上两幅）图5-171巴兰班南
拉拉琼格朗寺（约850年）。
总平面及卫星图

（下）图5-172巴兰班南 拉
拉琼格朗寺。中心区平面，
图中：1、湿婆祠塔；2、毗
湿奴祠塔；3、梵天祠塔；
4、迦鲁达祠塔；5、南迪祠
塔；6、桓娑祠塔；7、侧
堂；8、护卫祠

ri）像，估计高达4米]，也有人认为，雕像可能是由
几块石头拼成，外抹灰泥。

　　为了适应更为高耸的中央形体，入口不仅相应加
高，门框也变为内外两道：外框同前期形制，唯主入
口顶部卡拉头像直抵首层檐口下方，侧面入口底端摩

羯由两个小力士支撑；内框为新母题，由造型复杂
的壁柱及楣梁组成。殿身以壁柱、龛室及各式花纹
装饰。

　　屋顶由前期逐层内收的三阶金字塔型转变为所谓
"婆罗浮屠型"，即在折角方形基台上起八边形平

本页：

（上）图5-173巴兰班南 拉拉琼格朗寺。建筑群模型

（下）图5-174巴兰班南 拉拉琼格朗寺。主祠剖面

右页：

（上）图5-175巴兰班南 拉拉琼格朗寺。南侧远景

（下）图5-176巴兰班南 拉拉琼格朗寺。内区（中央区），东南侧全景（后排自左至右分别为供奉梵天、湿婆及毗湿奴的三座主祠，前排桓娑祠位于湿婆祠塔前，右侧依次为南迪和迦鲁达祠，它们之间较矮的是后面北侧堂的顶塔；画面右侧为内区以外尚立在原处的一座次级祠塔）

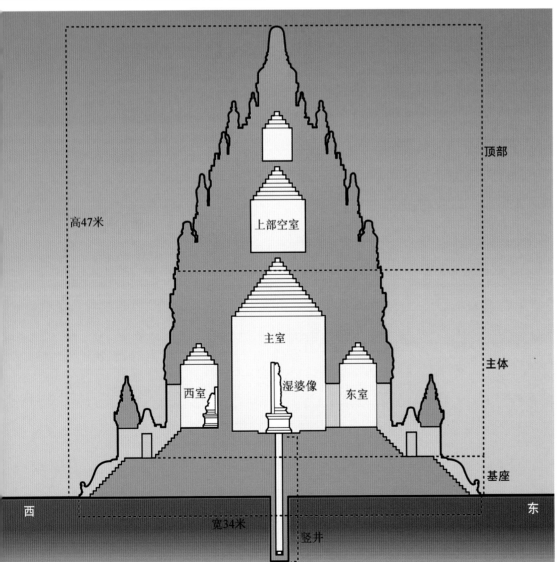

左页：

（上）图5-177巴兰班南 拉拉琼格朗寺。内区，南偏东景色（左边分别为供奉梵天、湿婆及毗湿奴的三座主祠，右边三座自前向后分别供奉桓娑、迦鲁达和南迪；在梵天祠塔前面的是内区南门，南侧堂位于湿婆祠塔前面）

（下）图5-178巴兰班南 拉拉琼格朗寺。内区，西侧现状

本页：

（上）图5-179巴兰班南 拉拉琼格朗寺。内区，东侧，自东西主轴线上望去的景色（中央为南迪祠堂东立面及背后的湿婆祠塔）

（下）图5-180巴兰班南 拉拉琼格朗寺。内区，北偏东近景（内区北门位于右侧毗湿奴祠塔前，北侧堂位于供奉湿婆的主祠塔前）

本页：

（上）图5-181巴兰班南 拉拉琼格朗寺。内区，东北侧景色（中间最高的为湿婆祠塔，右侧为毗湿奴祠塔，两者之间较矮的小塔为北侧堂，内区北门位于毗湿奴祠塔前；建筑群于2006年地震时受损，照片摄于2008年修复时，搭脚手架的是南迪祠塔）

（下）图5-182巴兰班南 拉拉琼格朗寺。内区，东南角近景（自左至右分别为梵天、桓娑及湿婆祠塔）

右页：

图5-183巴兰班南 拉拉琼格朗寺。内区，湿婆祠塔（中央祠塔）及南迪祠堂，自东侧远处望去的情景（两座建筑叠加在一起）

台，其上升起覆钵状窣堵坡，围绕着这座中央窣堵坡
于下两层平台上布置其他小塔（见图5-113）。

[其他寺庙及窣堵坡]
　　在更靠南边的卡拉桑，有一座为收藏夏连特拉王
朝王后骨灰而建造的佛教祠庙（建于778年，属爪哇
最早的佛教祠庙，图5-119~5-127）。建筑平面希腊
十字形，凸出翼形成侧面祠堂，每个均配有带山墙的

本页：

图5-184巴兰班南 拉拉琼格朗寺。内区，湿婆祠塔，北侧景观

右页：

图5-185巴兰班南 拉拉琼格朗寺。内区，湿婆祠塔，东北角近景
（嵌板雕刻取材自印度史诗《罗摩衍那》，但大量采用了佛教
的窣堵坡状宝瓶顶饰，成为建筑上综合印度教和佛教特色的典
型实例）

本页：

（上）图5-186巴兰班南 拉拉琼格朗寺。内区，湿婆祠塔，北侧，入口及顶塔近景

（下）图5-187巴兰班南 拉拉琼格朗寺。内区，湿婆祠塔，北侧，入口台阶近景

右页：

图5-188巴兰班南 拉拉琼格朗寺。内区，湿婆祠塔，东侧，入口近景

门廊，雕饰精美的山墙上冠以怪诞的面具雕刻（称"Kirtimukha"，见图5-124、5-126，这一母题很快成为爪哇雕刻的流行样式）。卡拉桑的这个作品显然是比玛祠庙的进一步发展，但在制作上表现得更为成熟，成为一种独特的印度尼西亚风格的先兆。在这里，檐口高出地面约10米，在同样高度上绕行门廊及中央方形体量；其上有三个退阶层位，总高度达到约21米。

在马格朗，建于9世纪的曼杜庙（图5-128～5-135），则以其保存得极好的雕刻而闻名，包括室内著名的佛陀及菩萨像。1835年修复的帕翁庙最初的名字已不可考，从现名的词根意义（遗骸）上看，有可能是一位国王的葬仪祠堂。祠堂位于方基台上，顶上冠以五个小塔。因其相对简洁、对称和协调被某些史学家誉为"爪哇祠庙建筑中的瑰宝"（图5-136～5-139）。

夏连特拉王朝信奉佛教。从婆罗浮屠的浮雕上

本页：

（上）图5-189巴兰班南 拉拉琼格朗寺。内区，湿婆祠塔，台阶栏墙，雕饰细部

（下）图5-190巴兰班南 拉拉琼格朗寺。内区，湿婆祠塔，栏杆嵌板浮雕（共86块）：天神（风神）湿婆像

右页：

图5-191巴兰班南 拉拉琼格朗寺。内区，湿婆祠塔，上层平台浮雕：湿婆

看，佛教独有的建筑类型——窣堵坡在这时期已得到
普遍应用。但遗憾的是除了婆罗浮屠本身外没有一座
窣堵坡留存下来，因而人们只能以其浮雕及其他寺庙
上作为装饰的窣堵坡中了解8~9世纪中爪哇这类建筑
的样式。

婆罗浮屠浮雕上的窣堵坡基本上属印度桑吉大塔

那种早期类型：覆钵近似球体，有的上置平台（多为
方形，向上收分），以竖杆、伞盖和相轮组成的塔刹
作为结束（相轮呈橄榄形，两头小、中间大）。唯须
弥座式的基台没有采用古典平面（圆形），而是采用
方形、三车或五车形式。基台上以仰莲座和带环形线
脚的基座承接覆钵（见图5-106）。从这些早期窣堵

（上）图5-192巴兰班南 拉拉琼格朗寺。内区，湿婆祠塔，浮雕细部：摩伽罗（摩羯）头像

（下）图5-193巴兰班南 拉拉琼格朗寺。内区，湿婆祠塔，浮雕细部：天女

图5-194巴兰班南 拉拉琼格朗寺。内区，湿婆祠塔，西室内的象头神像

坡的样式中可看到来自印度南部的影响。

　　早期效法印度的窣堵坡由于不断被纳入本土元素而发生变化。这些具有更多地方特色的窣堵坡见于8~9世纪的婆罗浮屠、曼杜庙、帕翁庙、塞武寺及伦邦寺。它们基本上属两种类型：一种以半圆形覆钵为原型，演化成上大下小，形体稍长的式样，与下方逐层缩小的环形基座相结合，形成柔和的双曲线外廓（见5-113）。另一种于覆钵中部或中下部收缩内凹，形如倒扣的钟（有的进一步在收缩部位饰环形线脚予以强调，见图5-85）。两类窣堵坡虽然覆钵形状有别，但其他部分大抵相同：如上置平台和简化的锥形塔刹（这种形式已成为爪哇窣堵坡的典型特征之

一）；基台与早期相比减少了仰莲层，整体更为简练。倒钟形覆钵及下部环形线脚应属本土文化特点（在铜鼓造型上也可看到这种表现），但也可能是受到与之毗邻的锡兰的影响（5世纪前锡兰已有这种类型的窣堵坡）。

五、中爪哇晚期寺庙（拉拉琼格朗寺）

　　832年，信奉印度教的桑贾亚王朝重新统一中爪哇，来自印度的新文化浪潮也波及这里。为了适应新的礼仪，中爪哇寺庙在平面布局上进行了若干调整，同时开始采用新的建筑技术。9世纪中叶~10世纪

（上）图5-195巴兰班南 拉拉琼格朗寺。内区，梵天祠塔，修复前状态（东北侧景色）

（下）图5-196巴兰班南 拉拉琼格朗寺。内区，梵天祠塔，东立面现状

图5-197巴兰班南 拉拉琼格朗寺。内区,梵天祠塔,南侧,现状景观(后面为湿婆祠塔)

初的这次复兴促成了许多大型建筑群的产生,如巴兰班南的拉拉琼格朗寺、普劳桑寺(图5-140~5-151)、索古万寺(图5-152、5-153)、班尤尼博寺(图5-154~5-156),日惹的桑比萨里寺(图5-157~5-160),特曼贡的普林加普斯寺(图5-161~5-163)和巴都的松戈里蒂寺(图5-164)等。

在非佛教建筑中,这时期最著名和最受尊崇的寺庙即位于巴兰班南平原奥帕克河东岸的拉拉琼格朗寺(由于它正好在巴兰班南村界内,因而也称巴兰班南寺)。该地距日惹市约17公里,和夏连特拉王朝最重要的寺庙——婆罗浮屠亦相距不远。该组群和北面带有四对守门天(Dwarapala)巨像的塞武寺及其南侧的布布拉寺(图5-165)和伦邦寺(图5-166~5-170)皆为今日巴兰班南考古公园(Prambanan Archaeological Park)的重要组成部分(后三座为佛教寺院,另有加纳寺,位于公园外东侧)。整个园区拥有500余座祠庙(仅巴兰班南寺本身就有240座祠庙和大量杰出的印度教浮雕)。

拉拉琼格朗组群不仅是印度尼西亚最大、最壮观的印度教寺庙,也是东南亚最大的寺庙建筑群之一,现为联合国世界文化遗产项目(总平面、剖面、卫星图及模型:图5-171~5-174;总体景观:图5-175~5-182;湿婆祠塔:图5-183~5-194;梵天祠塔:图5-195~5-198;毗湿奴祠塔:图5-199~5-201;坐骑祠堂:图5-202~5-205;侧堂及外围次级祠堂:图5-206、5-207)。祠庙始建于850年左右,一期工程完成于856年。创建者为信奉印度教的马打兰王国桑贾亚王朝国王室利·摩诃罗阇·拉凯·比卡丹(838~850/851年在位)。由于此前这里及邻近地区已有几座巨大的佛寺(特别是婆罗浮屠和塞武寺),作为新政权的应对措施,这座寺庙被建成爪哇古代最大的印度教寺庙。历史学家认为,其建造标志着中爪哇地区政权和宗教信仰的更迭(自信奉佛教的夏连特拉王朝转向信奉印度教的桑贾亚王朝,随着9~10世纪期间大乘佛教的衰退开始了湿婆派印度教的回归)。

　　寺庙于国王洛卡帕拉（850~898年在位）和巴里栋（898~910年在位）时期进行了大规模的扩建。为了取得建造成排次级祠堂（护卫祠）的地皮，还对附近的河道进行了改造。以后马打兰王国巴里栋王朝国王达克夏（910~919年在位）和杜罗棠（919~924年在位）时期继续扩建，围绕中央主庙增加了几百座次级祠堂。有的考古学家认为，主要祠庙中央房间（胎室，garbhagriha）内的湿婆像是按死后被神化的国王巴里栋的面相塑造的，很可能是达克夏为了以湿婆的形式神化他的这位前任和王朝创始人而为。

　　作为具有不同信仰的征服者，桑贾亚王朝的君主以宽容的态度对待前朝的佛寺。据史料记载，拉凯·皮卡坦娶了信奉佛教的夏连特拉王国的一位公主。通过联姻，进一步促使印度教和佛教的融合。这些都在这时期的寺庙建筑上有所表现，开了此后东爪哇寺庙多元风格的先例，拉拉琼格朗寺即其中最典型

的表现之一。

　　到王朝的第二个时期（东爪哇时期），庙群的布置远不及先前工整。虽然结构上的改变并不是很大，但祠堂外貌上变化较多：比例更为高耸；入口大门此时造成仿庙宇的形式，上置锥形屋顶，整体于垂向一分为二[即所谓"分离式大门"（candi bentar）]。两个"半建筑"之间可以是一段短的水平廊道，也可以布置台阶。这种将结构切开的做法清楚表明，它们已被视为一个没有内部空间的实体结构。同时，人们对色彩和奇特效果的追求也变得越来越突出，表面常施彩绘，有时还以陶瓷镶嵌作为建筑的装饰。

　　这组祠庙最初名为"湿婆之宅"（Shiva-grha）或"湿婆王国"（Shiva-laya）。其中三座主庙（Tri-sakti）供奉印度教三大主神：毁灭之神湿婆、秩序和保护之神毗湿奴、创造之神梵天，即印度教信仰中的"三相神"（Trimurti）。

左页：

图5-198巴兰班南 拉拉琼格朗寺。内区，梵天祠塔，浮雕细部

本页：

图5-199巴兰班南 拉拉琼格朗寺。内区，毗湿奴祠塔，东侧现状

　　建筑群的名称拉拉琼格朗系取自一个民间传说的女主人公，一位美丽的爪哇公主的名字（爪哇语Rara Jonggrang，Loro Jongrang，意为"窈窕公主"；据说难近母雕像的原型也是她）[12]。

　　但这组建筑并没有使用多久。10世纪30年代，由于北面默拉皮火山爆发和权势斗争等缘由，马打兰王朝国王蒲·新托（929~947年在位）将宫廷迁往东爪哇地区，另建伊莎纳王朝（Isyana Dynasty）。寺庙很快被弃置和荒废，16世纪一次大地震导致建筑进一步损坏。直到19世纪初，遗址才开始引起西方学者的注意。1811年，在英国短期占领荷属东印度期间，受雇于英国殖民时期重要政治家和官员托马斯·斯坦福·莱佛士（1781~1826年）的监理员科林·麦肯齐偶尔发现了这组寺庙。尽管托马斯爵士随后组织了考察，但在接下来的几十年里，并没有引起人们必要的注意。和塞武寺的遭遇一样，荷兰殖民者将雕刻挪作花园装饰，地方村民则取基础石块作为建筑材料。

　　19世纪80年代考古学家开始进行发掘，但早期粗

糙的工作反而助长了劫掠。1918年荷兰人开始进行整修，真正的修复工作直到1930年才开始并一直持续至今。主要建筑湿婆庙的修复工程于1953年完成，时任总统的苏加诺主持了落成典礼。由于原建筑的许多石料都被其他工程挪用，修复工程遇到很大困难。同时考虑到建筑群的巨大规模，印尼政府决定，至少保留有原构75%以上的祠庙才列入修复计划。因此240座大小祠庙中，仅内区的八座主要祠庙和八座小祠堂得

本页及右页：
（左上）图5-200巴兰班南 拉拉琼格朗寺。内区，毗湿奴祠塔，东北侧近景
（左下）图5-201巴兰班南 拉拉琼格朗寺。内区，毗湿奴祠塔，浮雕：国王与王后
（中下）图5-202巴兰班南 拉拉琼格朗寺。内区，南迪祠堂，西侧景观
（中上）图5-203巴兰班南 拉拉琼格朗寺。内区，南迪祠堂，湿婆像（右手一侧的三叉戟为湿婆的象征）
（右）图5-204巴兰班南 拉拉琼格朗寺。内区，迦鲁达祠堂，西南侧现状

到修复，224座次级祠堂中仅修复了两座，其他仅留基础和离散的石块。

建筑群在2006年的爪哇地震中损毁严重。尽管建筑整体完好，但是大块的石料破碎，包括一些石雕都被震落在地上。当地政府曾一度关闭遗址，由日惹古迹保护局评估地震的破坏。数周之后再次对游客开放，但出于安全限制游人靠近建筑。目前损毁部分已基本修复。

整个建筑群分为三区（三个同心大院），即外区（outer zone）、中区（middle zone）和至圣内区（holiest inner zone）。每区均有围墙及四个大门。中区及内区平面方形，外区矩形。最外围墙边长约

390米，呈东北-西南朝向。但该区围墙除南门外，其他遗存很少，最初的功能也不清楚，可能是寺院花园或僧侣的寄宿学校（ashram）。据信在围墙外侧，尚有为僧侣、女舞蹈演员和朝拜者用简易材料建造的结构，只是早已无存。

组成最初建筑群的240座祠庙（candi）中，位于

至圣内区的有八座主庙和八座小祠堂。除内区这16座祠庙外，其他224座次级祠堂（护卫祠，也可能是还愿建筑）均在中区，组成平面方形层层套合的四圈。

三个区中最神圣的内区（中央区）为一高起的方形平台，边长约110米，周围起石栏，于四个正向设石砌大门。其八座主庙分别是三座供奉三相神（湿婆、毗湿奴和梵天）的祠庙，三座位于上述祠庙前方供奉各神坐骑（南迪、迦鲁达和桓娑）的祠庙和两座位于上述两排祠庙之间南北两头的侧面祠堂（称"侧堂"，Apit Temple）；八座小祠堂分别是四座对着内区各正向主门的祠堂（称"屏堂"，Candi Kelir）和四座位于内区角上的小祠堂（称"角祠"，Candi Patok，Patok原意为"桩、钉"）。

作为整个建筑组群的中心，供奉湿婆的中央祠塔是组群中最高、最大的结构。其平面折角十字形，边长34米，位于配有四个正向宽阔台阶的两层基台上，基台周围栏墙上置成列粗大的宝瓶。基台与台阶栏板交会凹角处立一外形如微缩祠庙的角塔（见图5-187）。这是组群中唯一配置了四个入口的神庙。主要入口位于东侧。东门两侧有两座小祠堂，供奉

左页：

（上）图5-205巴兰班南 拉拉琼格朗寺。内区，桓娑祠堂，北立面

（下）图5-207巴兰班南 拉拉琼格朗寺。外围次级祠堂

本页：

图5-206巴兰班南 拉拉琼格朗寺。内区，南侧堂，东北侧景观

大黑天等守护神。内部五个石室，中央最大的内祠与东面作为前厅的小室相连，室内立高3米的至高神湿婆三面相（Shiva Mahadeva）；北室、西室和南室另配有自身入口，内部分别立湿婆的配偶难近母（Durga）、他的儿子象头神（迦内沙）和首徒投山仙人（Agastya）的雕像。中央顶塔高47米。装饰廊道墙面的42块精美浮雕表现取自梵文史诗《罗摩衍那》（Ramayana）的场景（包括罗摩的妻子悉多被魔王罗波那劫持，神猴哈奴曼帮助罗摩救回悉多等），是研究印度文化的重要史料。另外，在修复湿婆庙

本页：

（上）图5-208日惹 拉图博科宫（约9世纪）。入口道路及门楼，东北侧景观

（下）图5-209日惹 拉图博科宫。前门，西侧现状

右页：

图5-210日惹 拉图博科宫。主门，西侧景观

时，在庙中心还发现了一口深5.75米的井，石盒内藏有带山神和海神铭文的金叶等物品。

分别位于中央祠塔（湿婆祠塔）南侧及北侧的梵天祠塔和毗湿奴祠塔同样朝东，惟尺度较小，底面20米见方，高33米，内部仅有一个供奉相应神像的内室。

和这组朝东的主庙平行，前方对应建的三个入口相对（朝西）的次级祠堂，分别供奉这些神祇的"坐骑"：湿婆的神牛（南迪）、毗湿奴的大鹏金翅鸟（迦鲁达，为印度尼西亚的吉祥物，亦称印度尼西亚鹰）和梵天的孔雀（桓娑，另说是天鹅）。位于湿婆祠塔前的南迪祠堂内除南迪雕像外，还有站在马车上的太阳神苏利耶和月神钱德拉的雕像。其他两座坐骑祠堂内现在是空的，当年想必有过相应的雕像。

位于内区南门和北门边的两座"侧堂"目前房间内是空的，最初的供奉对象也不清楚。但南侧堂外墙上有一位女神的浮雕像，很可能是梵天之妻妙音天女（辩才天女）萨拉斯沃蒂。由此推测，北侧堂应是供

奉毗湿奴之妻吉祥天女拉克希米。

建筑群剩下的224座独立祠庙（次级祠堂，护卫祠）布置在下一层台地上（即中区，边长约225米，配有一道围墙，四面正中凸出并设门楼），形成同心的四圈，每圈地面面向中心稍稍提高，中央辟出过道，形成清晰的十字形。自内向外，各圈分别拥有44、52、60和68座小祠；每座基部均为6米见方，高14米，16座位于转角处的面朝两个方向，其余208座仅朝一个正向。有人认为这些护卫祠系象征国王的臣民。将祠堂分成四圈与社会等级相关，只有僧侣（婆罗门）能进到最靠近内区的一圈，其他三圈分别供贵族（刹帝利）、武士（吠舍）和平民（首陀罗）使用；也有人认为和这些都没有关系，只是为僧侣和信徒提供一个沉思默想和祭拜的地方。

目前该区祠堂几乎俱毁，仅两座得到修复。

庞大宏伟的拉拉琼格朗组群充分体现了这时期中爪哇王朝神王一体的政治理念。从建筑最初的名称（Shivagrha，湿婆庙）可知，从一开始它就是模仿

本页：
（上）图5-211日惹 拉图博科宫。主门，内侧（东侧）现状

（下）图5-212日惹 拉图博科宫。敞厅，外景

右页：
（上）图5-213日惹 拉图博科宫。人工湖，现状

（下）图5-214日惹 拉图博科宫。边侧建筑，基座残迹

印度教神祇的居所、湿婆之家须弥山。寺庙沿袭典型的印度教建筑传统，纳入了曼荼罗的平面图形和高塔。整个寺庙群因而可视为印度教宇宙的缩影。在这里，寺庙实际上是国王被神化后的栖息之所和接受朝拜的地方。印度教、祖先崇拜和政治需求就这样奇妙地结合在一起。

同样，无论在水平方向（总体规划）还是垂直方向（个体建筑，祠庙）上都体现了佛教的三个修炼境界，即欲界（Kāmadhātu，最外圈第一院落，祠庙基座）、色界（Rupadhatu，第二院落，祠庙主体）和无色界（Arupadhatu，第三院落，内院，祠庙顶部）。

混合使用不同材料是中爪哇晚期寺庙的重要特点，之前多用于室内装修的安山石现同样用于外部装饰，开了东爪哇建筑混用不同材料的先河（室内用砖，室外用石；同时期的高棉人则是混用红土岩与砂岩）。在雕刻上，由于神王合一，主神湿婆像往往以被神化的国王为模本，这种做法，也在以后东爪哇的人像雕刻上得到发扬光大（在那里，印度教-佛教的神祇往往按国王或王后的形象雕制）。

组群的三座主殿为典型的五车平面，没有前期祠庙那种带单独屋顶的凸出门廊，而是借助殿身主体的凸出部分设门框，整座建筑融为一体；由于平面的折角线从基台一直延续到屋顶，进一步突出了建筑向上的动态（见图5-184）。和中爪哇早期的寺庙相比，拉拉琼格朗寺不仅基台增高，变为两层，殿身也由立方体拉伸成竖向长方体（为此另在中间加了一条较宽的饰带）。阶梯金字塔状屋顶则由三层增至五层，建筑廓线更为挺拔、高耸。以后这些都成为东爪哇建筑的特色，因此这个组群往往被视为自中爪哇寺庙向东爪哇建筑过渡的代表作。

另一个值得注意的特点是，通常只用于塔顶的表面带凸肋的窣堵坡状宝瓶，在这里，布满基台栏墙和屋顶各处，在丰富建筑的轮廓线上起到了重要的作用，反映了印度教与佛教建筑之间的融汇。在以后东爪哇地区的寺庙建筑中，这种做法同样得到了充分的表现。

拉拉琼格朗寺采用的卡拉-摩羯鱼装饰延续了中爪哇的传统样式和风格，但和婆罗浮屠相比，台阶边的双曲线栏板及表现印度史诗的浮雕显然要更具活力。

在这组著名建筑南面3公里处的高原上，尚存一

组约建于9世纪的宫殿建筑（属日惹市），其原名已不可考，现名拉图博科宫是地方居民的习惯叫法，来自有关拉拉琼格朗传说中的国王博科。组群占地25公顷，位于海拔196米高处，为一设防宫堡。建筑群分四部分（中部、西部、东部和东南部），主要大门和觐见殿等位于中部（图5-208~5-214）。

第三节 东爪哇时期

东爪哇时期的作品则具有更强的垂向特色，纪念性建筑较少，布局上有序和对称的表现亦不突出。在

这时期的祠堂中，没有一个能在壮美上和主要的中爪哇建筑相提并论，可能这也是当时经济衰退、劳动力

（上）图 5-215 卡威山
（"诗人山"）石窟（国王
陵庙，11世纪）。现状外景

（下）图5-216卡威山 石
窟。近景

（左上）图5-217玛琅 基达尔寺（隆邦附近，约1260年）。北侧现状

（右上）图5-218玛琅 基达尔寺。西侧外景

（下）图5-219玛琅 基达尔寺。侧面雕饰细部：卡拉头像

缺乏的反映。

一、谏义里王朝时期

谏义里王朝属自中爪哇到东爪哇的过渡期。这时期建筑遗存很少。距玛琅22公里查戈寺（13世纪末）的基台浮雕上，记录了过渡时期（12～13世纪）东爪哇建筑的面貌（见图5-226）。从雕刻中可看到一些由四根柱子支撑屋顶的木构方亭形象。屋顶可为单层或多层，但一般为奇数，向上层层内缩，颇似中爪哇

左页:

（上）图5-220玛琅 基达尔寺。内景，仰视

（下两幅）图5-221普瑞庚查维寺。东侧现状（建筑呈现出佛教和湿婆教的双重特征）

本页:

（右上）图5-222普瑞庚 查维寺。东侧近景

（左上）图5-223玛琅 查戈寺（约1280年，1343年大修）。西侧外景

（中）图5-224玛琅 查戈寺。东侧现状

（下）图5-225玛琅 查戈寺。南侧景观

的寺庙。屋檐由椽子支撑，屋角有明显的飞檐起翘；上层屋顶似有斜向的檐托。

这时期寺庙的造型尚见于巴厘岛的卡威山（"诗人山"）石窟（11世纪，因自石灰岩中凿出，取陵庙造型，又称国王陵庙，图5-215、5-216）。这是一座自山中凿出的王室陵庙。平面矩形，上置三阶内收金字塔状屋顶，平台上安放微缩的祠庙造型，显然是沿

（上）图5-227信诃沙里主寺（约13世纪末）。平面 [图版，作者Leydie Melville，1912年前（可能为1901年），图上指北针仅为示意，实际上主立面朝西北方向]

（下）图5-228信诃沙里主寺。西北侧，入口立面

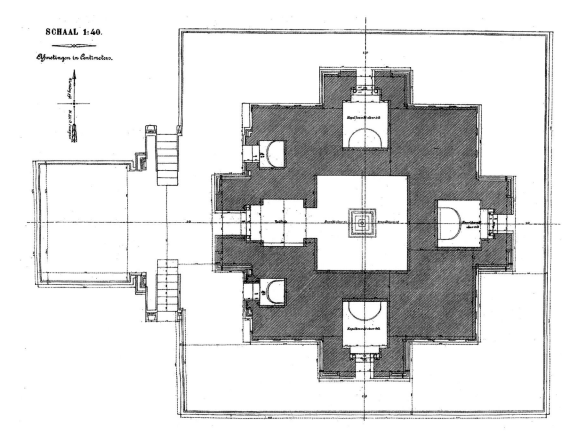

本页：

（上）图5-229信诃沙里 主寺。西侧现状

（下）图5-230信诃沙里 主寺。西南侧立面

右页：

（上）图5-231信诃沙里 主寺。南侧景观

（左下）图5-232信诃沙里 主寺。东北侧景色

（右下）图5-233信诃沙里 主寺。北侧全景

袭中爪哇的做法。

二、信诃沙里王朝时期

这时期寺庙可分为两类：基达尔（Kidal）型和查戈（Jago）型。

基达尔型。庙身立面高度由中爪哇的小于面宽演变成与之相等甚至更高。阶梯金字塔状屋顶平台数量增多，高度降低，平台收缩幅度更小，至王朝中后期最终形成方锥形密檐顶（见查维寺）。屋顶内设封闭小室，在减轻负荷的同时增加了存放空间。基达尔寺和查维寺均为这种类型的代表作。

基达尔寺位于玛琅东区隆邦附近，约建于1260年

（左上）图5-234信诃沙里主寺。北侧近景

（下）图5-235信诃沙里 主寺。东南侧近景

（右上）图5-236信诃沙里主寺。西侧，顶部近景

（上）图5-237信诃沙里 主寺。西侧，雕饰细部：卡拉头像（牙齿转换成植物图案，表现独特）

（下）图5-238贝拉汉 国王"浴室"（1049年）。现状外景

（图5-217~5-220）。入口朝西，院落围墙各面正中设门楼（现皆无存），两侧庭院内有2～3座木构附属建筑（已毁，这种组合方式可在查戈寺的浮雕中看到）。建筑主体立面高度与面宽相等，无凸出门廊，除入口外其他三面均设假门而非龛室，方锥形屋顶更为陡峭，以上皆为有别于中爪哇寺庙的特色。

查维寺位于普瑞庚附近，建于克塔纳伽拉时期（图5-221、5-222）；里面供奉一尊兼有湿婆及阿闷佛（Aksobhya）特征的雕像，显然是克塔纳伽拉试图统一湿婆教和佛教的尝试。查维寺是这时期唯一一座保存完好的寺庙，周围的护城河亦为13世纪流行的这类设施的仅存实例。屋顶以类似平台的正方体和覆钟形窣堵坡结束。

查戈型。与基达尔型基本相似，但基台更高，祠

庙位于基台中心偏东的位置。作为这种类型的代表，约建于公元1280年的玛琅查戈寺是个入口朝西的建筑；一对梯道位于西面基台两侧，随着基台向上内收每边梯道都分为三跑：下两跑朝西，最上一跑分别朝南和朝北，直达祠堂入口（图5-223~5-226）。由于1343年进行了一次大修，现遗存很多表现出14世纪的特色。

位于王朝都城信诃沙里的主寺约建于13世纪末，是王朝末代国王克塔纳伽拉（1268~1292年在位）的

左页：

（上）图5-242特罗武兰 巴姜拉图寺。门楼，屋顶近景

（下）图5-243特罗武兰 布拉琥寺。东南侧，地段全景

本页：

（上）图5-244特罗武兰 布拉琥寺。西南侧全景

（下）图5-245特罗武兰 布拉琥寺。北侧景观

葬仪祠堂。建筑吸收了基达尔型和查戈型的特点，配有三层高大基台，屋顶亦分三层（图5-227~5-237）。内祠（胎室）位于二、三层基台内。这部分基台除入口外其余三面设凸出的壁龛，平面遂成十字形。其上封闭的庙身实际上属屋顶的组成部分，四面饰假门，顶部为陡峭的方锥屋顶。

信诃沙里王朝时期留下的遗存很少。除巴厘岛卡威山石窟（国王陵庙）外，其他值得一提的尚有贝拉汉的国王"浴室"（建于公元1049年，可能是国王艾尔朗加统治时期的君主葬仪建筑，图5-238、

左页：

（上）图5-246勿里达 帕纳塔兰寺（湿婆寺，1347年）。自主祠平台上向西北方向望去的景色（前景为那迦祠，远处可看到1369年庙）

（下）图5-247勿里达 帕纳塔兰寺。主祠（采用阶梯金字塔形式），东南侧立面

本页：

（上）图5-248勿里达 帕纳塔兰寺。主祠，西北侧景色

（下）图5-249勿里达 帕纳塔兰寺。那迦祠，西侧全景

（上）图5-250勿里达
帕纳塔兰寺。那迦祠，
西北侧，入口立面

（下）图5-251勿里达
帕纳塔兰寺。那迦祠，
东北侧全景

5-239）。在像玛琅的萨文塔尔寺和基达尔寺陵庙（13世纪）这样的一些建筑里，已经可以看到新的印度尼西亚建筑观念的萌芽。

三、满者伯夷时期

这时期的寺庙不再像中爪哇期间那样完全采用中心对称的布局形制，而是将建筑分散布置在相连的各

左页：

（上）图5-254勿里达 帕纳塔兰寺。1369年庙（湿婆祠庙），西北侧，地段全景（背景为主祠）

（左下）图5-255勿里达 帕纳塔兰寺。1369年庙，西侧外景

（右下）图5-256勿里达 帕纳塔兰寺。1369年庙，西北侧，立面现状

本页：

（上）图5-257勿里达 帕纳塔兰寺。1369年庙，东北侧，侧立面景色

（下）图5-258勿里达 帕纳塔兰寺。1369年庙，东南侧，背立面景观

（上）图5-259勿里达 帕纳塔兰寺。1369年庙，西南侧近景

（左中）图5-260勿里达 帕纳塔兰寺。1369年庙，西北侧，入口近景

（左下）图5-261勿里达 帕纳塔兰寺。敞厅，基座及雕饰，西侧景观（远处可看到1369年庙）

（右中）图5-262诗都阿佐帕里寺（1371年）。西南侧全景

（右下）图5-263诗都阿佐帕里寺。西侧，正立面现状

个院落内。祠庙入口门楼通常比较高，装饰精美，但遗存很少，仅在特罗武兰的巴姜拉图寺中尚有一座尺度适中的门楼（图5-240~5-242）。院落排列通常由低到高，最重要的建筑布置在最后，亦即最高一进院落的中心或后部（如勿里达的帕纳塔兰寺）。主祠边布置一些木构附属建筑（一般为干阑式）。除了形制上的共同特色外，还可以看到一些地方风格的表现，主要有如下三类：

一是王城及其周围地区的砖构寺庙。沿袭前期查

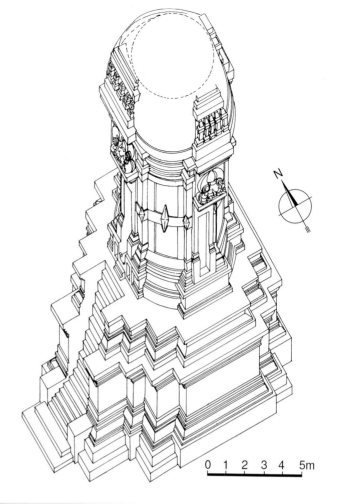

0 1 2 3 4 5m

（左上）图5-264诗都阿佐帕里寺。东侧近景

（右上）图5-265庞越 查邦寺（1354年）。轴测复原图（取自DUMARÇAY J, SMITHIES M. Cultural Sites of Malaysia, Singapore, and Indonesia, 1998年）

（下）图5-266庞越 查邦寺。东北侧全景

本页：
（上）图5-267庞越 查邦
寺。东南侧景观

（下）图5-269庞越 查邦寺。
墙面雕饰细部：卡拉头像

右页：
图5-268庞越 查邦寺。墙面
雕饰近景

（上及中）图5-270庞越 查邦寺。砖雕植物图案及神兽饰带

（下）图5-271拉武山 苏库寺（15世纪）。西侧，正立面景色

（上）图5-272拉武山 苏库寺。西南侧景观

（下）图5-273拉武山 苏库寺。东南侧现状

本页：

图5-274拉武山 苏库寺。人
体雕像（位于金字塔平台
方形基座边，头部已失）

右页：

（上）图5-275拉武山 苏库
寺。性事浮雕

（下）图5-276拉武山 泽
托寺（1451~1470年）。通
向上台地的入口（东望景
色，两侧及后部的亭阁经
修复）

戈型做法，如位于都城南面特罗武兰的布拉琥寺（图5-243~5-245）。其基台两层，平面方形，各面中间部分向外凸出；入口朝西，主体结构折角数增多，且一直延伸至顶部。屋顶采用平台结构，没有用典型的密檐方锥体。

二是以帕纳塔兰寺为代表的石砌寺庙。这种类型系在前期基达尔型寺庙基础上发展而成，但比例更为高耸。其代表作，位于高原上的帕纳塔兰湿婆寺建于1347年（实际上整个建设过程可能持续了约两个半世纪，即1197~1454年）。组群位于勿里达东北约12公里处，是东爪哇地区连续的印度教文化的最后表现（图5-246）。一般认为它是满者伯夷王国的国家

祠庙，只是这种说法尚难确认，倒很可能是满者伯夷帝国君主哈亚·乌鲁克的个人祠庙。院内布局自由，不求对称，颇为引人注目。采用阶梯金字塔形式的主要祠庙位于院落后部，现仅存三层基台。其嵌板浮雕自下而上分别表现罗摩、克里希纳（黑天）的典故，大鹏金翅鸟和翼蛇（图5-247、5-248）。主祠南面是组群中另一个主要结构、以象征水的蛇神命名的庙宇（那迦祠，图5-249~5-253）。其屋顶已失，基台单层。立面角上及除入口外的各面中央安置神女雕像（一手持铜铃，一手托巨大的蛇神那迦）。其东南面有一座保存完好的湿婆祠庙。这是一座刻有年号（1369年）的祠堂，因而又名1369年庙。不高的单层基台支承瘦高的主体结构，保留了传统的单一立方体状内室、上部宽大的挑檐及高耸的角锥形屋顶，但采用了纯爪哇的处理方式（图5-254~5-260）。密檐屋顶好似由一个布置在门上的巨大怪异面相雕刻

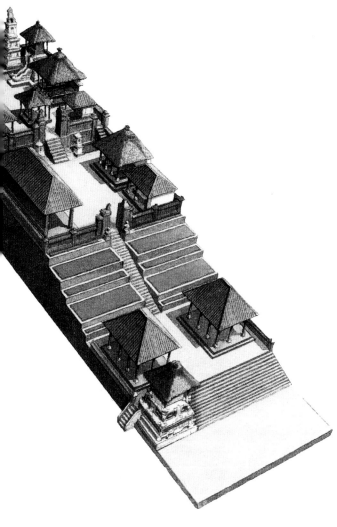

本页及左页：

（左上）图5-277拉武山 泽托寺。中台地，向西侧山下望去的景色，右侧小亭系在原基础上修复

（中上）图5-278拉武山 泽托寺。自顶部台地向下望去的景色

（左下）图5-279拉武山 泽托寺。顶层金字塔，现状

（中下左）图5-280拉武山 泽托寺。自顶层金字塔台阶处向下望去的景色

（中下右）图5-281巴厘岛 典型寺庙布局图（入口台阶边设鼓楼，台地两边立敞厅供演出及奏乐；中台地有祭司用的亭阁，仪式用品储存库及厨房等；上台地为主要的祈祷场所，轴线端头立供奉寺庙创立者的亭阁）

（右上）图5-282巴厘岛 分离式门道及门楼

本页及左页：
（全六幅）图5-283巴厘岛 帕杜拉沙门
楼的各种形式

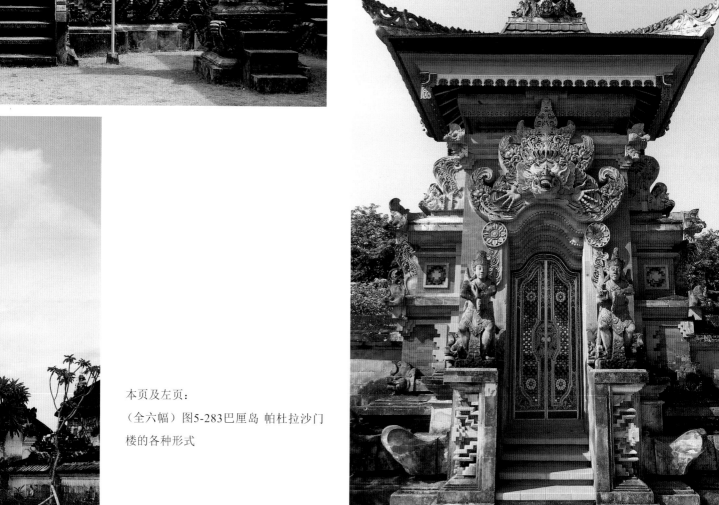

（本页上及右页上）图5-284巴厘岛帕杜拉沙门楼的上部装饰（左面一例饰有许多写实的孩童形象，可能有家族兴旺和好运的象征意义；右面屋顶上饰各种具有魔力的神祇）

（本页下）图5-285巴厘岛 百沙基寺（母庙，14世纪）。主要台地及建筑分布示意

（右页下）图5-286巴厘岛 百沙基寺。入口梯道及分离式门楼，外景

（Kālās，Kirtimukha）支撑，其造型和地方的民俗活动（如皮影戏[13]）具有密切的关联。位于1369年庙近旁的敞厅现仅存带雕饰的基座（图5-261）。

　　三是以帕里寺为代表的横向扩展型。和东爪哇典型的瘦高型祠庙不同，位于诗都阿佐建于1371年的帕里寺在保留前期查戈型祠庙高基台（在这里为两层）的同时，平面方形的庙身如中爪哇早期祠庙那样立面呈扁长矩形（高度小于面宽）。砖构墙面仅有平素浅

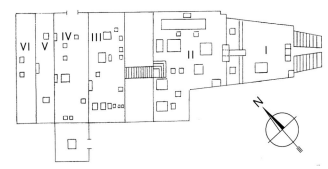

出的扁平壁柱，除西面入口外，其余三面于中央凸
出的微缩祠庙两侧开小窗。主体结构下部配腰线，
腰线以下基部外出，与上部挑檐呼应，形成内凹廓
线。阶梯金字塔状屋顶上部已毁，估计原有三层（图
5-262~5-264）。

位于东爪哇北海岸庞越市域的查邦寺建于1354

左页：

（上）图5-287巴厘岛 百沙基寺。上部各台地组群，东南侧景观

（下）图5-288巴厘岛 百沙基寺。台地上的塔群，自北面向山下望
去的景色

本页：

图5-289巴厘岛 百沙基寺。锥形木塔（须弥塔），外景

年，是座建在大围地内的祠庙，其名来自所在的村落。主体建筑方形基座各边向外凸出，西面布置陡峭的直跑台阶。祠庙本身内部八角形，但外部平面圆形，在爪哇是例外表现（图5-265~5-270）。位于中爪哇和东爪哇交接处拉武山山坡上的苏库寺和泽托寺，为两座15世纪的印度教寺庙。苏库寺主要建筑是座简单的金字塔式结构，浮雕和雕像集中在前方。雕刻以表现生殖和性事为主，是其独具特色（图5-271~5-275）。泽托寺建于1451~1470年，遗址于1842年首次被范德弗利斯发现并引起考古界的注意。1928年古迹局（Antiquities Department）进行发掘并于1970年在局长私人助理胡马尔达尼主持下进行了修复（图5-276~5-280）。但由于没有进行深入的研究

本页：

（左上）图5-290巴厘岛 百沙基寺。石塔，近景

（右上）图5-291巴厘岛 百沙基寺。晨曦景色

（下）图5-292巴厘岛 百沙基寺。塔尖细部

右页：

（上）图5-293布莱伦 贝吉庙（15世纪）。建筑群全景

（下）图5-294布莱伦 贝吉庙。主庙近景

（上）图5-295布莱伦 贝吉庙。雕饰细部

（下）图5-296巴杜考山 卢胡尔庙（11世纪，1604年毁，1959年重建）。分离式大门，现状

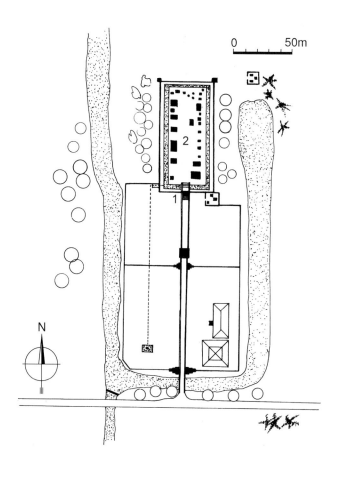

（左上）图5-297门维 塔曼阿云寺。总平面（取自DUMARÇAY J，SMITHIES M. Cultural Sites of Malaysia，Singapore，and Indonesia，1998年）：1、内院门楼；2、内院

（右上）图5-298门维 塔曼阿云寺。内院，门楼平面（来源同上）

（左下）图5-299门维 塔曼阿云寺。须弥塔剖析图（来源同上）

（右下）图5-300门维 塔曼阿云寺。卫星图

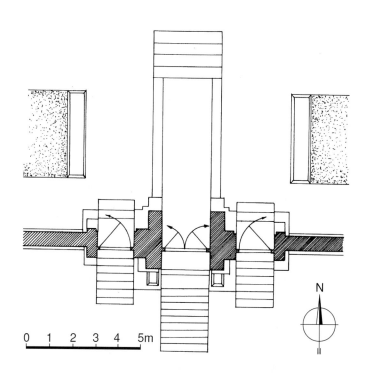

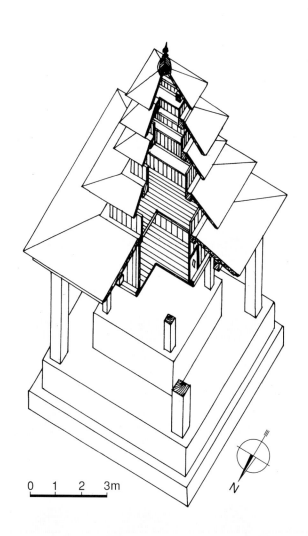

本页：

图5-301门维 塔曼阿云
寺。内院，入口门楼，
近景

右页：

（上）图5-302门维 塔曼
阿云寺。内院，塔群景
观

（下）图5-303门维 塔曼
阿云寺。内院，主祠

和评估，未能反映建筑原貌，这次修复并没有得到历
史学家和考古学家的认可。

四、巴厘岛寺庙

巴厘岛位于爪哇岛东部，两者之间仅由3公里宽
的海峡相隔。岛上的印度教寺庙（pura）大多沿背山
面海的中轴线布置，由三进地面渐次升高的院落组
成。三重院落象征宇宙三界：最高的代表神界（Jeo-

an），是神祇接受祭拜之处，最重要的建筑都在这里；最低的院落（Jaba）是信徒聚集活动的处所；中间的院落（Jaba Tengah）是从世俗到神界的过渡空间。中轴线两侧照例还有若干辅助建筑（亭阁、钟楼等，图5-281）。

巴厘岛寺庙内一般不设固定神像，仅在节庆期间才把木雕神像（Pratlma）请进庙内接受祭拜，在这点上有别于东南亚其他地方的印度教-佛教寺庙。作为世俗与圣区分界的院落大门在建筑群中具有重要地位，也是装饰的重点。这类大门中给人印象最深

刻的是巴厘岛特有的所谓"分离式门道"（split gate-
way）和帕杜拉沙式门楼[Paduraksa（Kori）Gate]。
前者好似从中劈开一分为二的一道阶梯状的装饰屏墙
（图5-282）；后者是作为圣区入口标志的一种带顶
塔的门楼，外观如印度教和佛教的祠庙。作为寺庙里

最重要的建筑之一，屋顶部位往往施以最华丽的雕饰
（图5-283、5-284）。

象征须弥山（Meru）的塔楼亦属重要的祭拜建
筑。其形式类似传统的木构住宅，但配有石基台和向
上逐渐缩小的多层草顶（见图5-290）。位于内部圣

本页及左页：

（左）图5-304门维 塔曼阿云寺。内院，迦鲁达祠堂

（中）图5-305门维 塔曼阿云寺。内院，须弥祠

（右）图5-306门维 塔曼阿云寺。象征乳海翻腾的喷泉

本页：

（上）图5-307门维 塔曼阿
云寺。外院，斗鸡阁

（下）图5-308邦利 克汉
寺。台阶及入口门楼

右页：

（上）图5-309邦利 克汉
寺。入口门楼，立面

（下）图5-310邦利 克汉
寺。内院现状

区中心的亭阁称派派里克或帕朗曼（Peppelik，Panuman）。其内布置节庆期间供众神共用的座席[14]。

神庙建筑群中另一独特类型是所谓"莲花宝座"（Padmasana，原指婆罗门教称莲花坐的一种瑜伽姿势），这种类似御座的石雕系用来献给主要的神祇（湿婆或太阳神苏利耶）或先祖。

位于巴厘岛东部阿贡火山南坡附近百沙基村的百沙基寺（母庙），是岛上最大、最重要和最神圣的印度教寺庙，其历史可上溯到14世纪。主要组群（Pura Penataran Agung）由建在7个台地上的22座祠庙组成，沿轴线对称布置。从最下面的分离式大门开始，不断攀升，逐渐接近神山顶部（图5-285~5-292）。布莱伦的贝吉庙建于15世纪，供奉稻米女神（Dewi Sri），是巴厘岛北部建筑风格的典型代表。组群由外区、中区及内区三部分组成。基座及墙面上布满精美的植物图案雕刻。通往中区的是一座分离式大门，进入内区的为一帕杜拉沙式门（图5-293~5-295）。类似的分离式大门另见于卢胡尔庙。位于巴厘岛第二高峰巴杜考山南坡上的这座祠庙始建于11世纪，1604年遭破坏后于1959年重建（图5-296）。

本页：图5-311邦利 克汉寺。主塔群景观

右页：图5-312巴厘岛 德萨庙（为一种遍布巴厘岛上村镇的建筑类型，图示节庆期间的景象）

本页：

（上）图5-313巴厘岛 德萨庙[在本例中，门上饰有雨神和土地女神之子、怪兽博马（Bhoma）的头像]

（下）图5-315新加拉惹 "地主祠"。入口及护卫神怪像

右页：

图5-314普拉-普萨-邦利 木鼓塔。墙面雕饰细部（印度教众神造像）

17世纪以后，巴厘岛上分裂成为九个小王国，现位于门维区的塔曼阿云寺和位于邦利区的克汉寺分别是其中门维和邦利王国的王室寺庙。前者类似东爪哇祠庙（如查维寺），组群位于三个层位上，下面两层三面有小溪环绕，上层大门朝南，院内亦开沟渠环绕台地（图5-297~5-307）。克汉寺位于山脚下，有台阶直通神庙主入口及外院，主祠包括一座11层的须弥塔及内室（图5-308~5-311）。

在巴厘岛的城市和村镇内，尚有一种祭拜梵天（Brahma）的祠庙，被称为德萨庙（Pura Desa，图

左页：

（上）图5-316布拉坦湖 水神庙（1633年）。南侧，现状景色

（下）图5-317布拉坦湖 水神庙。小岛及主塔，西北侧景观

本页：

（上）图5-318布拉坦湖 水神庙。自寺庙内望双塔景观（左塔在陆上寺院内，右塔位于小岛上）

（下）图5-319布拉坦湖 水神庙。主塔立面（档案照片，Jacques Dumarçay摄）

图5-322 贝杜卢村 象窟。
"浴池"，仙女雕像，近景

5-312、5-313）。由于人们往往用击木鼓的方式召唤信众举行宗教活动，为此还建有专门的木鼓塔或木鼓亭（Kulkul Tower，Bale Kulkul）。高高的基座成为其装饰的重点，如位于普拉-普萨-邦利的一座木鼓塔，面上就满布表现印度教众神的雕刻（图5-314）。

巴厘岛北海岸城市新加拉惹的所谓"地主祠"，实际上是祭拜旱地农耕（dry agriculture，非灌溉农耕）的祠庙。入口前一组作为护卫的神怪雕刻颇为引人注目（图5-315）。在巴厘岛中部的布拉坦湖边，有被称为水神庙（1633年）的一组优美的建筑。庙内双塔一个位于陆地上，另一个高11层的主塔坐落在靠近岸边的小岛上（图5-316~5-319）。在诸多小品建筑中，给人印象较深的则有贝杜卢村象窟的"浴池"（由六个石雕仙女作为喷水口，池分两区，分别供男女信徒使用，图5-320~5-322）。

第五章注释：

[1]其国名梵文称Sri Vijaya，阿拉伯语Zabadj，爪哇语Samboja，室利佛逝系中国古籍根据梵文名音译，另据爪哇语译作三佛齐。

[2]有750~850年、752~832年及778~864年诸说。

[3]满者伯夷为《明史》的称呼（来自爪哇语：Madjapahit，

马米语：Majapahit），《元史》称麻喏巴歇；其统治年代另说1293~1500年，1294~1520年。

[4]巴厘人（Balinese），指住在印度尼西亚巴厘岛上的原住民族。

[5]密教（Tantrism），这里系指自5世纪开始，在佛教和印度教中出现并影响到许多宗教思潮和运动的神秘派别，有的仅在隐秘的少数人圈子里流传；和东方学术界所指后期佛教教派中的密教（Esoteric Buddhism），在含义上有所不同。

[6]ROMAIN J. Indian Architecture in the "Sanskrit Cosmopolis"：The Temples of the Dieng Plateau. ISEAS Publishing，2011。

[7]Banister Fletcher认为其年代相对晚近，属8世纪后期。

[8]Banister Fletcher认为它可能建于700年左右。

[9]普腊班扎（Mpu Prapanca，活动时期为14世纪），印度尼西亚宫廷诗人、历史学家。生于佛教学者家庭，以长诗《爪哇史颂》（原名《王国录》，*Nagarakertagama*，1365年）闻名。其中细致地描写了国王哈奄·武禄在位初年爪哇王国的生活。

[10]即《佛说普曜经》（梵文名：*Lalitavistara*），又称《方等本起经》，大乘佛教经典，收入大正新修大藏经第三册。西晋永嘉二年（308年），由竺法护在天水寺译出，共八卷。主要讲述释迦牟尼由降生一直到证悟成佛的故事。

[11]为菩提萨埵（梵文：Bodhisattvas）之略称。bodhi（菩提）意为"觉悟"，satto或sattva意为"有情"，即"觉悟的

有情众生"。

[12]传说称，古代爪哇有两个相邻的王国：其中彭劲王国（Pengging）繁荣富庶，由贤明的国王普拉布·达马尔·莫约统治，王子名班东·邦多沃索；而邻国博科（Boko）由残暴的巨人普拉布·博科统治，并得到另一个巨人帕蒂·古波洛的支持。但普拉布·博科有一个名为拉拉琼格朗的美丽女儿。

接下来的故事是，普拉布·博科想扩张领土，对邻国彭劲发起突然袭击。普拉布·达马尔·莫约遂派王子班东·邦多沃索前去迎敌。一场激战之后，普拉布·博科被具有神力的王子杀死，其副将帕蒂·古波洛率残部败退回宫，告知公主其父战败身亡。公主悲痛欲绝，还没有缓过劲来，彭劲的大军已包围并占领了王宫。王子班东·邦多沃索见到悲伤的公主，为其美貌所倾倒并向她求婚，但遭断然拒绝。在王子的一再恳求下，公主作出让步但提出两个几乎不可能完成的条件，即挖一眼泉井和在一夜之间建造有一千尊雕像的神庙。热恋中的王子答应了条件并立即开始挖井，利用他的神力很快完成了这项任务并向公主展示他的成果，但不知已经中计的王子却被公主乘其不备推入井中，副将帕蒂·古波洛接着向井中投放石块企图将他活埋。班东·邦多沃索费尽力气逃了出来，

但他对公主的爱恋是如此强烈，以至于原谅了她的这一行为。

为了完成第二项任务，王子用魔法自地狱中召出大量魔鬼精灵，在他们的帮助下很快完成了999座雕像。但在开始建造最后一座雕像时，公主及其仆人为了阻止工程的完成，在东方点火并开始进行声响巨大的春米活动（一种在黎明开始的传统劳作），公鸡受骗报晓，魔鬼们以为太阳即将升起遂丢下未完工的神庙逃回地狱。洞晓这一骗局的王子大怒，对公主施咒将她变成了最后也是最美的一尊石像，成为这最后一座神庙完成的标志，从而满足了他们结婚的条件。

[13]皮影戏（Wayang Kulit, Wayang puppet plays，也称哇扬皮影偶戏，以区别于中国的皮影戏）是一种独特的戏剧形式，常见于印尼的爪哇岛和巴厘岛，是印尼哇扬剧场中最著名的一种。戏偶由皮革制作，而操偶棒杆的材质为牛角，雕工精细优美。剧中故事通常取材于神话或史诗，如《罗摩衍那》《摩诃婆罗多》和《塞拉默纳克》（Serat Menak）等。皮影戏于2003年11月7日被联合国教科文组织列为人类非物质文化遗产。

[14]见DAVISON J，GRANQUIST B. Balinese Temples，1999年。

·全卷完·

附录一 地名及建筑名中外文对照表

A

阿加·约姆（亚扬）Ak Yom

阿加·约姆寺（亚扬寺，山庙）Ak Yom Temple（Temple Mountain）

阿马拉布拉Amarapura

巴加亚寺（僧伽蓝）Bagaya Kyaung（Bagaya Monastery）

基考克陶基塔Kyauktawgyi Pagoda

金宫寺Shwenandaw Monastery（'Golden Palace Monastery'）

帕托道基窣堵坡Pahtodawgyi

特塔寺Thatta Htarna Monastery

王宫Royal Palace

阿瓦（因瓦）Ava（Inwa）

巴加亚寺Bagaya Monastery

杜枝安塔Daw Gyan Paya

莱达基庙Leidatgyi Temple

马哈昂梅邦赞寺Maha Aungmye Bonzan Monastery

窣堵坡Stupas

爱丁堡 Edinburgh

安巴拉瓦Ambarawa

安仁An Nhon

奥帕克河Opak River

B

巴都Batu

松戈里蒂寺Candi Songgoriti

巴空猜县Prakhon Chai District

蒙探寺（"低堡"）Prasat Muang Tham

巴兰班南Prambanan（Prambanam）

班尤尼博寺Candi Banyunibo

布布拉寺Candi Bubrah

加纳寺Gana Temple

拉拉琼格朗寺（巴兰班南寺）Candi（Shiva Temple of）Lara Jonggrang（Rara Jonggrang, Roro Jonggrang, Candi Prambanan）

伦邦寺Candi Lumbung

普劳桑寺Candi Plaosan

萨里寺Candi Sari

塞武寺（"千庙群"）Candi Sewu（Tjandi Sewa）

索吉万寺Candi Sojiwan

巴厘岛Bali，Island of

阿贡火山Mount Agung

巴杜考山Gunung Batukau

卢胡尔庙Pura Luhur

百沙基（村）Besakih（Village of）

百沙基寺（母庙）Pura Besakih

邦利Bangli

克汉寺Pura Kehan Temple Complex

贝杜卢（村）Bedulu

象窟Goa Gajah

"浴池"Bath

布莱伦Buleleng

贝吉庙Pura Beji

门维Mengwi

塔曼阿云寺Pura Taman Ayun

普拉-普萨-邦利Pura Pusa Bangli

木鼓亭Kulkul Tower（Bale Kulkul）

水神庙Pura Danu

新加拉惹Singaraja

"地主祠"Pura Meduwe Karang

巴南Ba Phmam

巴塞河Bassac River

巴桑Basan

巴沙克Bassak

巴扬山Phnom Bayang

湿婆神庙Temple of Shiva

班敦甘Bandungan

磅同市Kampong Thom

K组Group K

Z组Group Z

卑谬（今卑蔑）Pyay（Prome）

北碧府Kanchanaburi

北大年府Pattani

贝拉汉Belahan
　　国王"浴室"Bath of King Airlangga
比塔尔加翁（皮德尔冈）Bhitargaon
　　神庙Temple（Bhitargaon Temple）
碧差汶府Phetchabun（Petchabun）
碧武里（佛丕）Phetchaburi
　　戈寺Wat Ko Keo Suttharam
　　马哈塔寺Wat Mahathat
　　素万那拉姆大寺Wat Yai Suwannaram
扁担山Dângrêk Mountains
　　圣殿寺（帕威夏寺）Preah Vihear Temple
宾河Ping River
波罗勉省Prey Veng
勃固Bago
　　瑞摩屠塔（金庙）Shwemawdaw Paya（Golden God Temple）
博克山Phnom Bok
　　博克寺庙Prasat Phnom Bok
布拉坦湖Bratan，Lake
布雷卡Prei Kuk
　　祠堂Shrine
布央谷Lembah Bujang
　　布吉巴杜巴哈庙Candi Bukit Batu Pahat

C

猜亚Chaiya
　　玉佛寺Wat Kaew
　　马哈塔寺Wat Mahathat
茶胶省Takéo Province
承天顺化省Tinh Thừa Thin-Huế
　　锦鸡山（孝山）Cầm Kê
　　孝陵（明命陵）Hiếu lăng（Lăng Minh Mạng）
　　　崇恩殿Dien Sung An
　　应陵（启定陵）Ứng Lăng（Lăng Khải Định）

D

达德·巴诺姆（三坡）Tat Panom（Sambor）
　　佛教建筑Buddhist building
大城（阿育陀耶）Ayutthaya（Ayuthia）
　　邦巴茵夏宫Bang Pa-In Summer Palace
　　　艾莎万-提巴亚-阿沙娜亭Aisawan-Dhipaya-Asana Pavilion
　　　观景塔Ho Withun Thasana

天明殿Phra Thinang Wehart Chamrun
猜瓦他那拉姆寺Wat Chaiwathanaram
楚姆蓬·尼伽亚拉姆寺Chumphon Nikayaram
大佛寺Wat Borom Phuttharam（Borommaphuttharam，Monastery of the Grand Buddha）
后宫Palace to the Rear
金山寺（普考通寺）Wat Phu Khao Thong
拉差布拉那寺（王孙寺）Wat Rachaburana（Wat Rat Burana）
拉姆寺Wat Phra Ram
老王宫Old Royal Palace
马哈塔寺Wat Phra Mahathat
蒙功寺Wat Yai Chai Mongkon
蒙空博披寺Wat Phra Mongkhon Bophit
那普拉梅鲁寺Wat Na Phra Meru（Wat Na Phra Men，Phramane，Phra Main）
普泰萨旺寺Wat Phutthaisawan
前宫Palace to the Front
喜善佩寺（"圣辉寺""全能壮美圣寺"）Wat Phra Si Sanphet（Wat Phra Sri Sarapet，Temple of the Holy、Splendid Omniscient）
　　那赖堂Prasat Phra Narai
　　王室寺庙Vihara Luang（Royal Chapel）
代山Phnom Dei
德奥加尔Deogarh
　　毗湿奴十大化身庙（池边神庙）Daśavatāra Temple（Temple of Dashavatara，Sagar Marh）
迪恩高原Dieng Plateau
　　阿周那祠庙Candi Arjuna（Tjandi Arjuna）
　　比玛祠庙Candi Bima（Tjandi Bhima）
　　德瓦拉瓦蒂祠庙Candi Dwarawati
　　加托特卡扎祠庙Candi Gatotkaca
　　沐浴地Bathing Place
　　蓬塔德瓦祠庙Candi Puntadewa
　　塞玛祠庙Candi Semar
　　森巴德拉（三波佐）祠庙Candi Sembadra
　　斯里坎迪祠庙Candi Srikandi
东帝汶Timor-Leste（Timor Lorosa'e）
东京Tonkin
东山（地区）Dong-Son
东阳（因陀罗补罗，因陀罗城）Đồng Dương（Indrapura）
　　大乘佛教寺院Mahayana Buddhist Monastery

东阳组群Đồng Dương Group

洞里萨河Tonle Sap River

洞里萨湖Lake Tonle Sap

F

发哒孙阳Fa Dad Sung Yang

法代Muang Fa Daed

藩朗（镇，平顺省）Phan Rang

嘉莱龙王寺（婆姜盖莱寺）Po Klaung Garai Kalan

藩朗-塔占（潘郎-塔占，宁顺省）Phan Rang-Tháp Chàm

佛统Nakhon Pathom（Nagara Pathama）

大塔（金塔）Phra Pathom Chedi（Phra Pathommachedi，Wat P'ra Pathama）

佛统府Nakhon Pathom Province

福禄Phú Lốc

塔庙Tháp

富安省Tinh Phu Yen

富春（金龙城）Phú Xuân

G

甘烹碧Kamphaeng Phet

阿瓦艾寺Wat Awat Yai

博罗玛他寺Wat Phra Borommathat

环象寺Wat Chang Rop

胶寺Wat Phra Kaeo

农寺Wat Phra Non

他寺Wat Phra That

信赫寺Wat Singh

伊里亚博寺Wat Phra Si Iriyabot

冈雷克（山脉）Kangrek

格度干武吉Kedukan Bukit

贡开（另译戈格，科克）Koh Ker（Chok Gargyar）

奥布温祠Prasat Op On

比尔坚祠Prasat Pir Chean

布莱本祠Prasat Plae Beng

布兰祠Prasat Pram

丹雷祠Prasat Damrei

格拉卡祠Prasat Kracap

良克茅祠Prasat Neang Khmau

圣堂G Sanctuary G

圣堂H Sanctuary H

圣堂I Sanctuary I

托姆寺Prasat Thom

红庙Prasat Krahom

普朗庙塔Prang（Stufen-Pyramide）

真祠Prasat Chen

芝拉祠Prasat Chrap

古笪罗（古笪）Kauthara

古螺城Thành Cổ Loa，Co-loa

广南省Quang Nam

占登寺Chien Dang Kalan

广义省Tinh Quang Ngai

归仁Qui Nhon

银塔Silver Towers

H

哈利班超（骇黎朋猜）Haripunjaya

哈林Halin（Halingyi、Hanlin、Halim）

瑞古枝塔Shwegugyi Pagoda

诃利诃罗洛耶（今罗洛士）Hariharalaya（Roluos）

巴孔寺Bakong Temple

布雷蒙迪寺Prasat Prei Monti

德拉贝昂蓬寺Prasat Trapeang Phong

洛莱寺Lolei Temple

圣牛寺（匹寇寺）Preah Ko（Sacred Bull）Temple

因陀罗塔塔迦湖（洛莱湖）Indratataka Baray（'Baray' Lolei）

呵叻Korat（Nakhon Rachasima）

呵力高原Haley Plateau

河静省Tỉnh Hà Tĩnh

恒河River Gaṅgā（Ganges）

横山关Đèo Ngang

华富里Lop Buri（Lopburi）

大舍利寺Wat Mahadhatu（Monastery of the Great Relic）

三塔寺Brah Prang Sam Yot

华闾Hoa-lu'

丁朝王寺Den of Dinh

会安Hoi An

古城Ancient Town

J

吉打（州）Kedah

加拉信府Kalasin

加里曼丹岛Kalimantan Island

犍陀罗（又译健驮逻）Gandhāra

皎施（地区）Kyaukse

金边Phnom Penh（原名Krong Chatomok Serei Mong-kol）

  索贴罗斯林荫道Sothearos Boulevard

  王宫Royal Palace

    藏经阁Library

    甘塔博帕公主窣堵坡Stupa of Princess Kantha Bopha

    高棉王宫（凯马琳宫）Khemarin Moha Prasat（Khemarin Palace）

    拿破仑三世阁Pavilion of Napoleon III

    内宫Inner Court

    窣堵坡（国王塔）Stupas

    舞乐殿Preah Tineang Phochani

    银阁寺Preah Vihear Preah Keo Morakot（Wat Preah Keo, Silver Pagoda）

    御座殿Preah Tineang Tevea Vinnichay Mohai Moha Prasat（Throne Hall）

    月光阁（检阅台）Preah Thineang Chan Chhaya（Chanchhaya Pavilion）

    中央组群（外宫）Central Compound

    钟塔Belfry

金兰湾Vịnh Cam Ranh

K

卡拉桑Kalasan

  佛教祠庙Shrine Temple（Candi）

  卡威山（"诗人山"）Gunung Kawi

  卡威山（"诗人山"）石窟（国王陵庙）Gunung Kawi Goa（Royal Tombs）

开度谷地Kedu Valley

开度平原Kedu Plain

坎普尔（县）Kānpur（Cawnpore）

康提Kandy

  佛牙寺Temple of the Tooth（Sri Daḷadā Māḷigāwa）

  宫殿Palace

    觐见厅Audience Hall

  康提王室陵寝Ādāhana Maḷuva

  兰卡提叻格寺Lankatilaka（Lanka Thilake）

  纳塔祠Natha Devale

克罗姆山Phnom Krom

  克罗姆山寺庙Prasat Phnom Krom

枯磨Khu Bua（Ku Bua）

L

拉武山Gunung Lawu

  苏库寺Candi Sukuh

  泽托寺Candi Ceto（Cetho Temple）

蓝河Blue River

  古螺城Thành Cổ Loa，Co-loa

    城堡Citadel

    城墙Ramparts

琅勃拉邦（隆勃拉邦，龙帕邦，銮佛邦，原名孟骚、香通）Luang Prabang

  阿罕寺Wat Aham

  巴芳寺Wat Pafang

  巴卡内寺Wat Pakkhane

  基利寺Wat Khili

  迈寺Wat Mai

  门纳寺Wat Meunna

  塞内寺Wat Sene

  圣骨寺Wat Th'at

  塔琅寺Wat Thatlouang

  王宫Royal Palace（Haw Kham）

    勃拉邦寺Sala Pha Bang Temple

  维孙纳拉寺Wat Visounnarat

  西邦璜寺Wat Si Boun Houang

  西恩梅内寺Wat Xiengmene

  西恩穆昂寺Wat Sieng Mouane（Wat Xieng Mouane）

  西恩通寺（金城寺）Wat Xiengthong

叻丕府（拉差武里）Ratchaburi

荔枝山Phnom Kulen Plateau（Mountain）

  "桥头"（遗址）Kbal Spean

    奥邦祠Prasat O Paong

    特马达祠Prasat Thma Dap

林山Lam-so'n

  国王陵寝Royal Tombs

陵伽钵婆山（另作林伽钵婆，意为"性器之山"）Lingaparava

龙目岛Pulau Lombok

鹿野苑（萨尔纳特）Sārnāth

昙麦克塔Dhāmek Stūpa（Dhāmekh Stūpa）

罗洛士河Stung Roluos River

罗马克Rommakh

罗涡Lavo

洛韦Longvek

M

马格朗（摄政区）Magelang Regency

古农武基祠庙Candi Gunung Wukir

马格朗Magelang

布米塞戈罗（村）Bumisegoro

曼杜庙Candi Mendut（Tjandi Medhut）

帕翁庙Candi Pawon

婆罗浮屠（千佛坛）Borobudur（印尼语Candi Borobudur，

Stupa of Barabudur）

马亨德拉帕瓦塔（"大因陀罗山"）Mahendraparvata

马来半岛Malay Peninsula

马马拉普拉姆（现名马哈巴利普拉姆）Māmallapuram

（Mahābalipuram）

"五车"组群Pancha Rathas（'Five Rathas'）

阿周那祠Arjuna's Ratha

怖军祠Bhima Ratha

法王祠Dharmarāja Ratha

玛琅Malang

巴杜祠庙Candi Badut

查戈寺Candi Jago

基达尔寺（隆邦附近）Candi Kidal（Tumpang）

萨文塔尔寺Candi Saventar

信诃沙里寺Candi Singhasari

满者伯夷Madjapahit

曼德勒Mandalay

皇宫Royal Palace

百合御座殿Lily Throne Room

玻璃宫（琉璃宫）Hmannan（Glass Palace）

蜜蜂宝座Bumble Bee Throne

城墙东门Eastern Gate

大觐见殿（麦南堂）Great Audience Hall（Mye-Nandaw）

北觐见殿North Audience Hall

南觐见殿South Audience Hall

中央觐见殿Central Audience Hall

皇后觐见殿Queen's Audience Hall

皇后寝宫Chief Queen's Apartments

瞭望塔Watch Tower

舍利塔Relic Tower

胜利殿Room of Victory

狮子御座殿Lion Throne Room

王冠殿Royal Crown Room

王室铸币厂Royal Mint

钟塔Clock Tower

库多杜塔Kuthodaw Pagoda

山达穆尼塔Sandamuni Pagoda

曼德勒山Mandalay Hill

曼谷Bangkok

波寺（卧佛寺、涅槃寺）Wat Pho（Wat Po，Jetavanarama，全

称Wat Phra Chetuphon Vimolmangklararm Rajwaramahaviharn）

博翁尼韦寺Wat Bowonniwet

迟塔拉达宫Chitralada Palace

大王宫Phra Borom Maha Ratcha Wang（Grand Palace）

玛哈组群Phra Maha Prasat Group

阿蓬碧莫亭（除袍亭）Phra Thinang Aporn Phimok Prasat

兜率殿Phra Thinang Dusit Maha Prasat

却克里组群Phra Thinang Chakri Maha Prasat Group

伯罗姆·拉差沙提·玛赫兰宫Phra Thinang Borom Ratcha-

sathit Mahoran

蒙·沙探·伯罗玛德宫Phra Thinang Moon Satharn Borom Ard

却克里御座殿Phra Thinang Chakri Maha Prasat（Chakri

Maha Prasat Throne Hall，Phra Thinang Chakri，Chakri

Palace）

索穆提·特瓦拉·乌巴巴宫Phra Thinang Sommuthi Thevaraj

Uppabat

王居（摩天）组群Phra Maha Monthien Group

阿玛林·威尼猜御座殿（因陀罗殿）Phra Thinang Amarin

Winitchai Mahaisuraya Phiman（Phra Thinang Amarin

Winitchai）

差格拉帕德·披曼宫（转轮王居）Phra Thinang Chakraphat

Phiman

杜西达皮罗姆阁Phra Thinang Dusidaphirom

派讪·他信御座厅（护国殿）Phra Thinang Phaisan Thaksin

（Phaisan Thaksin Throne Hall）

月亭Phra Thinang Sanam Chan Pavilion

兜率宫Dusit Palace

威曼梅克宫邸Vimanmek Mansion（Palace）

Hariphunchai）

库库特寺（"无顶寺"，差玛·特葳寺）Wat Kukut（Wat Chama Thewi）

乐达纳塔Ratana Chedi

玛哈博尔塔Mahapol Chedi（Suwan Chang Kot Chedi）

南奔府Lamphun Province

南达穆拉石窟寺Nandamula Cave Temple

南苏门答腊省South Sumatra

南中国海South China Sea

楠镇Nan

扑明寺Wat Phumin

瓦特寺Wat Phya Wat

瑙冈Naogaon

帕哈普尔寺Paharpur Temple

宁海县Ninh Hải

和来组群Hoa-lai Group

宁顺省Tỉnh Ninh Thuận

P

帕鲁德（巴尔胡特，村）Bhārhut

窣堵坡Stupa

帕塔达卡尔Paṭṭadakal

加尔加纳特神庙Galganatha Temple（Galaganatha Temple）

帕尧Phayao

拉差克廖寺Wat Ratcha Khreu

普拉塔京根（帕黛清庚）寺Wat Phra That King Kaeng

佛塔Chedi

西功空寺Wat Sikom Kham

庞越Probolinggo

查邦寺Candi Jabung

彭世洛Phitsanulok

大寺Wat Yai（Wat Phra Si Ratana Mahathat in Chalieng, 'Temple of Great Jewelled Reliquary'）

难河Nan River

披迈Phi Mai（Phimai）

石宫Prasart Hin Himai（Prasat Hin Phimai）

毗湿奴城（贝格达诺）Beikthano

毗耶陀补罗（耶达河补罗，梵文-"猎人城"）Vyadhapura

昆阇耶城[毗阇耶，佛逝，新州，今阇槃（茶槃）] Vijaya（Cha Ban）

平定Bình Định

金塔Towers of Gold

铜塔Towers of Copper

银塔Silver Towers

平定省Tỉnh Bình Định

平顺省Tỉnh Bình Thuận

婆罗梅Po Romé Kalan

祠庙Kalan

婆罗洲Borneo

菩提伽耶（又称佛陀伽耶）Buddha-gayā（梵文），Bodh-gayā（印地语）

摩诃菩提寺（"大正觉寺"，金刚宝座塔，舍利堂）Mahābodhi Temple（Mahabodi Temple，Relic House）

蒲甘（城）Pagan（Bagan）

581号塔Monument 581（Hti-ho-pon-hpaya）

阿贝亚达纳寺Abeyadana Temple（Abhayadana Temple）

阿难陀寺Ananda Temple

巴多达妙寺Pahtothamya（Pathothamya）Temple

巴亚东祖寺（三塔寺）Payathonzu（Hpayathonzu）Temple

北古尼庙North Gu Ni

贝宾姜巴多塔Pebin-Kyaung-Patho

布巴亚塔（窣堵坡）Bupaya（Bhu-paya）Pagoda

藏经阁Sacred Library

藏经楼Pitakat Taik

达贝格·毛格寺Thabeik Hmauk Temple（Tha Beik Hmauk Gu Hpaya）

达宾纽庙Thatbyinnyu Temple

达德加尔·帕亚庙Tatkale-Hpaya Temple

达马亚齐卡塔庙Dhammayazika Pagoda

达马扬基庙Temple of Dhammayangyi

代德贾穆尼庙Thetkyamuni Temple

丹布拉庙Thambula Temple

迪察瓦达祠庙Thitsawada Temple

蒂洛敏洛庙Htilominlo Temple

东帕克利布塔East Phaklip Pagoda（East Hpetleik Temple）

高杜巴林庙Gawdawpalin Temple

贡杜基祠庙（原意"大王丘、大圣丘"）Kondawgyi Temple

古标基寺（明伽巴村的）Myin kaba（Gubyauk-Gyi）Kubyauk-Gyi Temple

古标基寺（韦德基因村附近）Kubyauk-gyi Temple（near Wetkyi-in village）

火熄山寺Mi Nyein Gone Temple

觉古·奥恩敏寺Kyaukku Ohnmin Temple（Kyauk-ku-umin Temple）

莱梅德纳庙Lemyethna Temple

洛伽难陀塔（"世喜塔"）Lokananda（Lawkananda）Pagoda

曼奴哈寺Manuha Temple

梅邦达寺Mye-Bon-Tha（Myebontha Hpayahla）Temple

　　梅邦达塔Mye-Bon-Tha Pagoda

敏伽拉塔Mingalazedi Pagoda（Mingalar Zedi Pagoda）

明伽巴塔Myinkaba Pagoda

摩诃菩提庙Mahabodhi Temple

那伽永寺Nagayon Temple

纳德朗寺Nathlaung Kyaung（Nat Hlaung Kyaung，Nat-Hlaung-Gyaung）

南古尼庙South Gu Ni（Taung Guni）

难巴亚寺Nan-Paya（Nanpaya）Temple

难达马尼亚庙Nandamanya Temple

瑞古基庙（原意"大金窟"）Shwegugyi Temple

瑞山陀塔Shwesandaw（Shwe-hsan-daw）Pagoda

瑞喜宫塔Shwezigon Paya（Shwezigon Pagoda）

萨巴达塔Sapada Pagoda

森涅特·阿玛庙Seinnyet Ama Temple

森涅特·尼玛塔Seinnyet Nyima Pagoda

苏拉马尼庙Sulamani（Tsulamani）Temple

塔曼帕亚庙Tha-man-hpaya Temple

乌金达塔U-Kin-Tha Pagoda

西达纳-基-帕亚塔Sitana-Gyi-Hpaya

西帕克利布塔West Phaklip Pagoda（West Hpetleik Temple）

雅基韦纳当塔Nga-Kywe-Nadaung Pagoda

蒲甘（地区）Bagan（旧称Pagan）

普瑞庚Prigen

　　查维寺Candi Jawi

Q

清迈Chiengmai（Chiang Mai）

　　城柱City Pillar

　　大塔寺Wat Chedi Luang Viharn

　　宕迪寺Wat Duang Di

　　方塔寺Cetiya Si Liem（Wat Chedi Liam，Temple of the Squared Pagoda，'Four-square Reminder'）

　　拉威城lawa town

洛格莫利寺Wat Lok Moli

　　佛塔Chedi

盼道寺Wat Phan Tao

普拉辛寺Wat Phra Singh

　　佛塔Chedi

七塔寺（柴尤寺，界遥寺）Wat Jet Yot Temple（Wat Cet Yot）

清曼寺Wat Chiang Man

　　佛塔Chedi

松达寺（花园寺）Wat Suan Dok

　　佛塔Chedi

素贴山寺（双龙寺）Wat Phrathat Doi Suthep

　　佛塔Chedi

乌蒙寺Wat Umong Suan Putthatham

　　佛塔Chedi

清盛Chiang Saen

　　普拉查-昭姆提寺Wat Phrathat Chom Kitti

　　柚林寺Wat Pasak（'Forest of Teak Wat'）

瞿寮山Cù Lao Mountain

R

日惹Yogyakarta

　　桑比萨里寺Candi Sambisari

　　拉图博科宫Ratu Boko（Ratu Baka）

　　　敞厅Pendopo

瑞波Shwebo

S

萨德拉Satdhara

三宝垄Kota Semarang

三波补罗（三波城）Shambhupura

三佛齐（室利佛逝）Śri Vijaya

三岐镇Tam Ky

　　姜美寺Khuong My Kalan

桑吉Sanchi

　　1号窣堵坡（大窣堵坡，大塔）Stupa I（Stupa No 1，Great Stupa）

森河Steung Saen（Stung Sen）River

森山Stung Sen Phnom

僧伽补罗（"狮城"，现荼峤村）Sinhapura（Singhapura，Trà Kiệu）

社玛Sema

诗都阿佐Sidoarjo

帕里寺Candi Pari

实皆Sagaing

邦尼亚塔Soon U Ponya Shin（Sone Oo Pone Nya Shin）Pagoda

乌敏寺U Min Thonze Temple

室利差呾罗Sri Ksetra（Srikestra，Thayekhittayar，现称Hmawzar）

巴亚丹祠庙Temple of Payatan

巴亚马窣堵坡Payama Stūpa

巴亚枝窣堵坡Payagyi Stūpa

包包枝窣堵坡Bawbawgyi Stūpa（Baw Baw Gyi Paya）

贝贝祠庙（支提堂）Bebe Temple（Caitya-grha）

东泽古祠庙（支提堂）East Zegu Temple（Caitya-grha）

金巴丘Khin Ba Mound

莱梅德纳祠庙（支提堂）Lemyethna Temple（Caitya-grha）

守天Thủ Thiệm（Thu Thien）

塔庙Tháp

顺化Hue

长生宫（长宁宫）Cung Trường Sanh（Cung Trường Ninh）

大朝仪（大朝院）Sân Đại Triều Nghi

大宫门Đại Cung môn

大旗台Kỳ Đài

奉先殿Điện Phụng Tiên

宫城（紫禁城）Cung Thành（Tử Cấm Thành）

光明殿Điện Quang Minh

和平门Cửa Hoà Bình

皇城（大内）Hoàng thành Huế（Đại Nội）

几暇园Vườn Cơ Hạ

建中楼Lầu Kiến Trung

京城Kinh thành

静观堂Viện Tịnh Quán

坤泰宫Điện Khôn Thái

六院Lục Viện

隆安殿Điện Long An

内务府Phủ Nội Vụ

谦陵（嗣德陵）Imperial Tomb of Emperor Tu Duc

乾成殿Điện Càn Thành

勤政殿Điện Cần Chánh

右庑Hữu vu

左庑Tả vu

绍芳园Vườn Ngự Uyển

世庙（世祖庙）Thế Miếu（Thế Tổ Miếu）

顺徽院（顺辉院）Viện Thuận Huy

思陵（同庆陵）Imperial Tomb of Emperor Dong Khanh

凝禧殿Ngung Hy Temple

四方无事楼Lầu Tứ Phương Vô Sự

太和殿Điện Thái Hòa

太庙（太祖庙）Thái Miếu（Thái Tổ Miếu）

太平楼Thái Bình Lâu

太液湖Hồ Thái Dịch

天姥寺塔Chùa Thiên Mụ（Linh Mụ Pagoda）

天授陵（嘉隆陵）Lăng Thiên Thọ（Lăng Gia Long，Imperial Tomb of Emperor Gia Long）

文明殿Điện Văn Minh

午门Ngọ Môn（Meridian Gate）

武显殿Điện Võ Hiển

显临阁Hiển Lâm Các

显仁门（东门）Cửa Hiển Nhơn

孝陵（明命陵）Imperial Tomb of Emperor Minh Mang

兴庙（兴祖庙）Hưng Miếu（Hưng Tổ Miếu）

延寿宫（寿祉宫）Cung Diên Thọ

养心殿Viện Dưỡng Tâm

应陵（启定陵）Imperial Tomb of Emperor Khải Định

御前文房Ngự Tiền Văn phòng

阅视堂（阅示堂）Duyệt Thị Đường

彰德门Cửa Chương Đức

肇庙（肇祖庙）Triệu Miếu（Triệu Tổ Miếu）

贞明殿Điện Trinh Minh

中道桥Cầu Trung Đạo

斯里博内Sri Boney

平兰寺Binh Lam Kalan

四色菊Sisaket

松巴哇岛Sumbawa

宋卡Songkhla

苏门答腊（岛）Sumatra（Island of）

苏伊士运河Suez Canal

素可泰Sukhodaya（Sukhothai，Mueang Sukhothai）

拜琅寺Wat Phra Phai Luang

柴图鹏寺Wat Chetuphon

德拉庞恩寺（怡庞念寺，银湖寺）Wat Traphang Ngoen

莲苞塔Lotus-bud Chedi

环象寺Wat Chang Lom

马哈塔寺（大舍利寺）Wat Mahathat（Temple of the Great Relic，

Great Relic Monastery）

芒果寺Wat Srisvaya（Wat Sri Sawai）

沙攀欣寺（石桥寺院）Wat Saphan Hin

沙西寺Wat Sa Si

珊塘寺Wat Trapang Thong Lang

邵拉沙克寺Wat Sorasak

胜利寺Wat Chana Songkhram

颂塔寺Wat Chedi Sung

西楚寺Wat Si Chum

西洪寺塔Wat Chedi Si Hong

雅姆塔寺Wat Chedi Ngam

素林Surin

西科拉蓬寺Prasat Sikhoraphum

T

棠田Cánh Tiên

塔庙Tháp

特罗武兰Trowulan

巴姜拉图寺Candi Bajang Ratu

布拉琥寺Candi Brahu

特马博格县Thma Puok District

奇马堡Banteay Chhmar

鸟人厅Hall of Kinnaris

特曼贡Temanggung

普林加普斯寺Candi Pringapus

吞武里Thonburi

W

万象Vientiane（Vieng Chan）

布亚寺P'ya Wat

塔銮（大窣堵坡，大塔）Pha That Louang（Th'at Luang）

玉佛寺Wat Haw Pha Kaew

翁加兰山Mount Ungaran

戈登·松高组群（九庙群）Candi Gedong Songo

戈登1组Candi Gedong I

戈登2组Candi Gedong II

戈登3组Candi Gedong III

戈登4组Candi Gedong IV

戈登5组Candi Gedong V

喔吰（"镜面运河"）Oc Eo（Oc-Eo）

乌达耶吉里（位于奥里萨邦，布巴内斯瓦尔附近）

Udayagiri

3号窟（阿难塔洞窟寺）Cave 3（Ananta Cave Temple）

乌东Oudong

乌通U Thong

无毁城Aninditapura

吴哥（耶输陀罗补罗）Angkor（Yaśodharapura, Yashodharapura）

阿格尤姆庙Prasat Ak Yum

阿玛伦陀罗补罗Amarendrapura

阿特维寺Wat Athvea Temple

埃格祠Wat Ek Phnom

巴肯寺（山庙）Phnom Bakheng

巴利莱寺Preah Palilay Temple

巴普昂寺（巴芳寺）Baphuon

巴琼寺Bat Chum

巴戎寺（巴扬寺）Prasat Bayon

巴色占空寺Baksei Chamkrong

北仓North Khleang

贝寺Prasat Bei

崩密列寺Beng Mealea

比粒寺（变身塔）Pre Rup

比图组群Preah Pithu Group

祠庙T，Temple T

祠庙V，Temple V

祠庙U，Temple U

祠庙X，Temple X

祠庙Y，Temple Y

布雷堡Banteay Prei

布雷祠Prasat Prei

布雷格门寺Prasat Prei Kmeng

茶胶寺 Prasat Ta Keo（Ta Keo Temple）

达内寺Ta Nei

达松寺Ta Som Temple

德拉寺Wat Trak（Chau Srei Vibol）

东湖East Baray（Eastern Baray）

东湄本寺Eastern Mébon

恩戈塞寺Prasat Enkosei

佛台Terrace of Buddha

格代堡（"僧舍之堡"）Banteay Kdei

豆蔻寺Prasat Kravan

国王广场Royal Square

黑妹塔Prasat Neang Khmau

角祠（四座）Prasats Chrung

空中宫殿（"天庙"）Prasat Phimean Akas（Phimeanakas，Royal Palace）

库提斯跋罗寺Kutisvara Temple

冥门Gate of the Dead

摩迦拉陀寺Mangalartha（East Prasat Top）

癞王台Leper King Terrace（Terrassa del Reprós）

南仓South Khleang

牛园寺Prasat Krol Ko

女王宫（女人堡，湿婆庙）Bantãy Srĕi（Banteay Srei，Citadel of Women，Temple d'Ishvarapura）

磅斯外Kompong Svay

　圣剑寺Preah Khan

盘龙祠Neak Pean Shrine

萨姆雷堡寺Banteay Samré Temple

圣剑寺Preah Khan

胜利广场Victory Square

胜利门Victory Gate

十二塔庙Prasat Suor Prat

塔布茏寺Ta Prohm（Ta Phrom）

特戈尔寺Preah Thkol

提琶南寺Tep Pranam

吞堡Banteay Thom

托玛侬寺Thommanon Temple

王宫Royal Palace

王室浴池Srah Srang

吴哥城（大吴哥，"大城"）Angkor Thom

吴哥窟（小吴哥）Angkor Wat

西湖West Baray

西湄本寺Western Mébon

象台Terrassa dels Elefants

医院祠堂（茶胶寺附近的）Hospital Chapel

医院祠堂（吴哥窟附近的）Ta Prohm Kel

召赛寺Chau Say Tevoda

吴哥比粒Angkor Borei

阿什兰玛哈罗诗寺Ashram Maha Rosei Temple

达山寺Phnom Da Temple

武里南府Buriram Province

帕侬龙寺（彩虹山寺）Prasat Hin Phanom Rung

勿里达Blitar

帕纳塔兰寺（湿婆寺）Candi Penataran[Shiva（Siwa）Temple]

1369年庙（湿婆祠庙）Dated Temple of 1369（Siva 'Tjandi'）

敞厅Pendopo

那迦祠Temple of the Nagas

渊恭甘Wiang Kum Kam（Wiang Kumgam）

布别寺Wat Pu Pia

利安寺塔Wat Chedi Liam

X

西沙差那莱（"良民城"）Si Satchanalai

柴地猎拓寺（七列塔寺）Wat Chedi Chet Thaeo

马哈塔寺Wat Phra Si Ratana Mahathat（Wat Si Mahathat，Chaliang）

松桥寺Wat Suan Kaew Utayan Noi

象寺Wat Chang Lom

锡贴（西泰布）Si Thep

喜马拉雅（山，地区）Himalayas

南达穆拉石窟寺Nandamula Cave Temple

下孟河流域Lower Mun Valley

暹粒河Siem Reap River

暹粒市Siem Reap

暹罗湾Gulf of Siam

岘港Da Nang

邦安组群Bang An Kalan

信诃沙里Singosari

主寺Main Temple（Candi Singosari）

雄清Hung Thanh

塔庙Kalan

Y

芽庄（杨浦那竭罗）Nha Trang（Yanpunagara）

婆那迦组群（婆那迦寺，塔庙，婆塔）Kalan Po Nagar（Po Nagar Group，Tháp Po Nagar，Tháp Bà）

雅朗Yalang

阳隆Duong Long

塔庙Towers

仰光Yangon

大金寺塔（大金塔）Shwedagon Zedi Daw（Shwedagon Pagoda，Shwe Dagon Pagoda，Great Dagon Pagoda，Golden Pagoda）

杜布温德阁Daw Pwint's Pavilion

南杜基塔Naung Taw Gyi Pagoda

伊洛瓦底江Ayeyarwady River

伊森（地区）Isan

伊奢那补罗（伊奢那城，伊赏那补罗；今三坡布雷卡，三坡比粒库克，"密林中的寺庙"）Ishanapura（Isanapura，Sambor Prei Kuk）

    北组Group N

        三坡庙Prasat Sambor

    南组Group S

        耶本塔庙（南区1号庙）Prasat Yeah Puon（Prasat Yeai Poeun，S1）

    中央组Group C

        阿什拉姆·伊塞塔Tower of Ashram Issey

        博拉姆塔庙（C1，狮庙）Prasat Boram（C1，Prasat Tao，Lions' Temple）

永福省Tinh Vinh Phuc

    永庆寺Vinh Khanh Temple

        平山塔Tháp Bình Sơn（Binh Son Pagoda）

Z

占巴塞Champasak

    山寺Wat Phu（Great Temple of Vat Phu）

爪哇Java

正娄Chanh Lo

    寺庙Kalan

直通（城）Thaton

附录二 人名（含民族及神名）中外文对照表

A

阿道夫·巴斯蒂安Adolf Bastian

阿朗悉都（悉都一世）Alaungsithu（Sithu I）

阿奴律陀Anawratha（Aniruddha）

阿诺德·罗森Arnold Rosin

阿若㤭陈如Ajñāta Kauṇḍinya

阿提达亚拉德Athitayarat

阿育王（"无忧王""天爱见喜王"）Asoka（Asho-ka）

埃米尔·福希哈默尔（博士）Emil Forchhammer，Dr.

埃内斯特·杜达尔·德拉格雷Ernest Doudart de Lagrée

艾尔朗加Airlangga

艾米尔·基瑟尔Emile Gsell

艾纳瓦拉哈（婆罗门）Yainavaraha，Brahmin

安东尼奥·达·马达连那António da Madalena

安娜·利奥诺温斯Anna Leonowens

安南（人）Annam

安赞二世Ang Chan II

奥古斯特·佩恩Auguste Payen

奥克纳·代布·尼米·贴格Oknha Tep Nimit Theak

B

巴基道（实皆王，中国史籍称弗极道或孟既）Bagyi-daw

巴里栋Balitung

巴尼斯特·弗莱彻Banister Fletcher

巴滕堡，M.，Batenburg，M.

拔婆跋摩一世Bhavavarman I（Pavavarman I）

拔婆跋摩二世Bhavavarman II

跋陀罗跋摩一世（范胡达，范须达）Bhadravarman I（Phạm Hồ Đạt）

班东·邦多沃索Bandung Bondowoso

班孟Ban Muang

邦尼亚Pon Nya

保罗·惠特利Paul Wheatley

保罗·穆斯Paul Mus

保罗·斯特罗恩Paul Strachan

贝尔纳-菲利普·格罗利耶Bernard-Philippe Groslier

贝扎西埃，L.，Bezacier，L.

奔哈·亚Ponhea Yat（Barom Reachea II）

骠（族）Pyus

骠萨瓦蒂Pyusawhti

波道帕耶（孟云）Bodawpaya

波尔布特Pol Pot

博隆玛·德赖洛贾那（波隆摩·戴莱洛迦纳）Boromma Trailokanat

博隆玛戈德Borommakot

博隆玛拉差三世Borommaracha III

博隆玛拉差四世Borommaracha IV

博施，F. D.，Bosch，F. D.

布兰德斯Brandes

布鲁曼德，J. F. G.，Brumund，J. F. G.

C

藏（族）Tibetan

查尔斯·迪鲁瓦塞尔Charles Duroiselle

差玛·特葳Chama Thewi

D

达克夏Daksa

达米安·伊文思Damian Evans

达信（郑信，大帝）Taksin the Great（Somdet Phra Chao Taksin Maharat）

大黑天（守护神）Mahakala

当杜基Taungthugyi

德贝利De Beylie

德哈恩De Haan

德卡斯帕里斯，J. G.，de Casparis，J. G.

蒂欧格·都·科托Diogo do Couto

丁部领（丁先皇）Đinh Bộ Lĩnh（Đinh Tiên Hoàng）

阇耶跋摩（㤭陈如二世）Jayavarman（Kauṇḍinya II）

阇耶跋摩一世Jayavarman I

阇耶跋摩二世Jayavarman II

阇耶跋摩三世Jayavarman III

阇耶跋摩四世Jayavarman IV

阇耶跋摩五世Jayavarman V

阇耶跋摩六世Jayavarman VI

阇耶跋摩七世（"胜铠"）Jayavarman VII

阇耶跋摩八世Jayavarman VIII

阇耶毗罗跋摩Jayaviravarman

阇耶特维（阇耶提鞞，女王）Jayavedi，Queen

阇耶希摩跋摩三世Jaya Simhavarman III

阇耶欣哈跋摩一世Jaya Sinhavarman I

杜达邦Duttabaung

杜尔伽（女神，难近母）Durgā

杜富尔，H.，Dufour，H.

杜罗棠Tulodong

F

法昂Fa Ngum

范德弗利斯Van der Vlis

范德卡梅尔Van de Kamer

范蔓（范师蔓）Srei Meara

梵天（婆罗贺摩，神）Brahma

菲利普·斯特恩Philippe Stern

菲诺特，M. L.，Finot，M. L.

弗兰克·文森特Frank Vincent

弗朗西斯·加尼耶Francis Garnier

G

高棉（人）Khmer

格里特·范维索夫Gerrit van Wuysoff

格那Kue Na

庚·安洛Ken Arok

古纳德尔玛Gunadharma

H

哈奴曼（神猴）Hanuman

哈特曼Hartmann

哈亚·乌鲁克Hayam Wuruk

哈奄·武禄Hayam Wuruk

诃梨跋摩一世Harivarman I

曷利沙跋摩（赫萨跋摩）一世Harshavarman I

曷利沙跋摩（赫萨跋摩）二世Harshavarman II

亨利·C.罗斯Henry C.Rose

亨利·库森斯Henry Cousens

亨利·麦克林·庞特Henri Maclaine Pont

亨利·穆奥Henri Mouhot

亨利·帕芒蒂埃Henri Parmentier

亨利·施蒂尔林Henri Stierlin

桓娑（梵天坐骑孔雀或天鹅）Hamsa

胡马尔达尼Humardani

混盘况Hun Pan-huang

混填（侨陈如一世）Preah Thong（Kauṇḍinya I）

J

江喜陀（亦作康瑟达）Kyanzittha（Kyansittha，Thi-luin Man）

迦内沙（象头神）Gaṇeśa（Ganesha）

迦鲁达（毗湿奴坐骑大鹏金翅鸟，鹙人，另作迦鲁陀，迦楼罗，迦卢荼，揭路荼）Garuda

鸠摩罗提毗Kumaradevi

K

卡尔波，C.，Carpeaux，C.

卡莱，Y.，Kalay，Y.

科林·麦肯齐Colin Mackenzie

科尼利厄斯，H. C.，Cornellius，H. C.

克拉伦斯·西奥多·阿森Clarence Theodore Aasen

克拉耶，J. Y.，Claeys，J. Y.

克劳德·雅克Claude Jacques

克里斯托弗·塔德盖尔Christopher Tadgell

克里希纳（神，黑天，毗湿奴的主要化身）Krishna

克里希纳·穆拉里Krishna Murari

克罗姆，J.，Krom，J.

克塔纳伽拉Kertanagara

坤帕满Pho Khun Pha Mueang

L

拉凯·帕南卡兰Rakai Panangkaran

拉凯·皮卡坦Rakai Pikatan

拉克希米（吉祥天女）Lakshmi

拉拉琼格朗Rara Jonggrang

拉玛一世（通銮，封号昭披耶却克里）Rama I（Thong

Duang，Chao P'ya Chakri）

拉玛三世Rama III

拉玛四世（蒙固）Rama IV（Mongkut）

拉玛五世（朱拉隆功，郑隆）Rama V（Chulalongkorn）

拉玛铁菩提一世（乌通）Ramathibodi I（U Thong）

拉玛铁菩提二世Ramathibodi II

莱迪·梅尔维尔Leydie Melville

赖特，A.，Wright，A.

兰甘亨大帝（坤兰甘亨，敢木丁）Pho Khun Ram Kham-haeng the Great

劳伦斯·帕默·布里格斯Lawrence Palmer Briggs

勒于·菲奥克Le Huu Phuoc

理查德·奥拉夫·温斯泰德Richard Olaf Winstedt

利曼斯，C.，Leemans，C.

利斯瓦Liswa

莉莎·欧文Lisa Owen

留陁跋摩Rudravarman（Rutravarman）

柳叶Neang Neak/Queen Soma

路易·德拉波特Louis Delaporte

路易·弗雷德里克Louis Frédéric

路易·马拉雷Louis Mallaret

罗波那Rāvana

罗登·韦查耶Raden Wijaya（Kertarajasa）

罗摩（史诗人物）Rama

罗贞陀罗跋摩二世Rājendravarman II

洛卡帕拉Lokapala

M

马夏尔Marchal

迈克尔·史密西斯Michael Smithies

孟（族）Mons

孟莱王Mengrai，King

米布雷诺Mibreno

米夏埃尔·扬森Michael Jansen

米雄，D.，Michon，D.

敏宾Min Bin

敏东Mindon Min

摩希婆提跋摩Mahipativarman

莫里斯·格莱兹Maurice Glaize

莫琳·布雷希特，E. W.，Maureen Brechter，E. W.

莫尼旺Monivong

N

拿破仑三世Napoleon III

那迦（蛇神）Nagas

那赖Narai

那罗波帝悉都Narapatisithu

纳洛迪哈巴德（那罗梯诃波蒂）Narathihapate

尼乌文坎普，W. O. J.，Nieuwenkamp，W. O. J.

涅克·奥克纳·代布尼米·马克Neak Okhna Tepnimith Mak

诺罗敦Norodom

O

欧仁尼（皇后）Eugenie，Empress

P

帕蒂·古波洛Patih Gupolo

帕尔蒂文陀罗·马拉Parthivendra Malla

帕里斯，M. C.，Paris，M. C.

帕銮王（神话人物）King Phra Ruang

帕斯卡·鲁瓦埃Pascal Royère

拍耶功Phraya Kong（Phraya Gong，Phya Gong）

拍耶攀Phraya Pan（Phya Phan）

盘盘Pan-Pan

披因比亚Pyinbya

皮埃尔·皮沙尔Pierre Pichard

毗湿奴（神）Viṣṇu（Vishnu）

毗湿奴·夏尔马Vishnu Sharma

毗阇耶Yang Pu Ku Vijaya

频耶陀努（白象王辛彪信，勃固王国国王）Binnya U（Hsinbyushin）

蒲·新托Mpu Sindok

普尔那跋摩Purnavarman

普拉布·博科Prabu Boko

普拉布·达马尔·莫约Prabu Damar Moyo

普腊班扎Mpu Prapanca

普希迦罗沙Pushkaraksha

Q

钱德拉（月神）Chandra

乔治·科代斯George Cœdès

乔治·亚历山大·特鲁韦Georges Alexandre Trouvé

区连Khu Liên

吴仁盈Ngô Văn Doanh

附录三　主要参考文献

BUSSAGLI M.Oriental Architecture/1[M].New York：Electa/Rozzoli，1989.

FREEMAN M，SHEARER A. The Spirit of Asia，Journeys to the Sacred Places of the East[M].Thames & Hudson，2000.

DUMARÇAY J，SMITHIES M.Cultural Sites of Malaysia，Singapore，and Indonesia[M].Oxford University Press，1998.

BEEK S V，TETTONI L I.The Arts of Thailand[M]. HK：Periplus Editions,2000.

AASEN C T.Architecture of Siam，A Cultural History Interpretation[M].Oxford University Press，1998.

BEEK S V et al.Thailand[M].Tiger，1994.

FALCONER J et al.Myanmar Style，Art，Architecture and Design of Burma[M].Periplus Editions，1998.

MARCHAL H.L'Architecture comparée dans l'Inde et l'Extrême-Orient[M].Paris：Les Éditions d'Art et d'Histoire，1944.

SIVARAMAMURTI C.Le Stupa de Barobudur[M].Paris：Librairie Jean-Etienne Huret，1960.

JACQUES C.Angkor[M].Cologne：Könemann，1999.

STANFORD D.Angkor[M].London：Frances Lincoln Limited，2009.

ALBANESE M.The Treasures of Angkor[M].Vercelli：White Star Publishers，2006.

PETROTCHENKO M.Focusing on the Angkor Temples：the Guidebook[M].Paris：École française d'Extrême-Orient，2014.

ZÉPHIR T，TETTONI L I.Angkor，a Tour of the Monuments[M].Archipelago Press，2013.

FREEMAN M，JACQUES C. Ancient Angkor[M].River Books，2014.

SINGH V.A Spiritual Journey to Banteay Srei[M].Angkor Media Guide，2004.

DUMARÇAIS J，LE BAYON.Histoire architecturale du temple，Atlas et notice des Planches：Memoire Archeologique III[M].Paris：Éditions de l'Ecole Française d'Extrême-Orient，1967.

MASPERO G.Le Royaume de Champa[M].Paris：Les Éditions Van Oest，1928.

BEZACIER L.Relevés de monuments anciens du Nord Viêt-Nam[M].Paris：École française d'Extrême-Orient，1959.

ORTNER J.Where Every Breath is a Prayer，a Photographic Pilgrimage into the Spiritual Heart of Asia[M].Stewart，Tabori & Chang，1996.

CRUICKSHANK D（ed.）.Sir Banister Fletcher's A History of Architecture[M].20th edition. Architectural Press，1996.

STIERLIN H.Comprendre l'Architecture Universelle，II[M].Office du Livre，1977.

BENEVOLO L.Storia della Città[M].Editori Laterza，1975.

MANSELL G.Anatomie de l'Architecture[M].Berger-Levrault，1979.

谢小英.神灵的故事：东南亚宗教建筑[M].南京：东南大学出版社，2008.

莫海量等.王权的印记：东南亚宫殿建筑[M].南京：东南大学出版社，2008.